国家民委2017年课题“民族地区全面建成小康社会研究”（编号2017-GME-020）资助

中国民族地区
生态文明高质量发展研究

张跃西 | 著

人民日报出版社
北京

图书在版编目（CIP）数据

中国民族地区生态文明高质量发展研究 / 张跃西著. —北京：人民日报出版社，2020.12
ISBN 978-7-5115-6741-3

Ⅰ. ①中… Ⅱ. ①张… Ⅲ. ①民族地区—生态文明—文明建设—研究—中国 Ⅳ. ①X321.2

中国版本图书馆 CIP 数据核字（2020）第234353号

书　　名：中国民族地区生态文明高质量发展研究
ZHONGGUO MINZU DIQU SHENGTAI WENMING GAOZHILIANG FAZHAN YANJIU
著　　者： 张跃西

出 版 人： 刘华新
责任编辑： 王慧蓉
封面设计： 中联华文

出版发行： 人民日报出版社
社　　址： 北京金台西路2号
邮政编码： 100733
发行热线：（010）65369509　65363527　65369846　65369828
邮购热线：（010）65369530　65363527
编辑热线：（010）65369844
网　　址： www.peopledailypress.com
经　　销： 新华书店
法律顾问： 北京科宇律师事务所（010）83622312
印　　刷： 三河市华东印刷有限公司

开　　本： 710mm×1000mm　1/16
字　　数： 201千字
印　　张： 15
版次印次： 2021年3月第1版　2021年3月第1次印刷

书　　号： ISBN 978-7-5115-6741-3
定　　价： 95.00元

序

张跃西教授是生态养生旅游和生态文明领域的知名学者，也是我的好朋友。他的新书《中国民族地区生态文明高质量发展研究》邀我作序，我欣然同意。

张教授一直是中国生态学会旅游生态专业委员会委员，他积极参与中国生态旅游发展论坛，几乎每次会议都做学术报告且都有独到见解，给我们留下了非常深刻的印象。记得早在20世纪90年代，他就曾提出“生态旅游方式”的概念。2008年甘南迭部县发起的“绿色长征”行动，张跃西教授是发起人之一。2009年在北京大学出版社出版专著《产业生态旅游理论与实践探索》，提出产业生态旅游和养生旅游等新概念，为促进生态旅游结合中国实践做出了积极努力。2010年，张跃西教授参与了我主持的“甘南迭部县白龙江腊子口国家水利风景区规划”项目以及浙江大学严力蛟教授主持的“迭部县生态文明建设规划”，创新性地提出了“迭部县旅游发展战略”“旺藏红太阳、温泉香巴拉”等重要项目策划方案，对迭部县发展生态旅游和推进生态文明建设发挥了重要作用，受到当地领导和群众的一致好评。近年来，张教授经常深入民族地区，开展大量的生态养生旅游规划和生态文明建设的实际工作，积累了弥足珍贵的第一手资料。总结提炼形成了书稿《中国民族地区生态文明高质量发展研究》。总体上看，该书有以下几个特点：

其一，反映了新时代转型发展的要求。其以生态文明为主线，体现了民族地区践行“绿水青山就是金山银山”的重要成果。生态，不仅仅是民族地区的重要优势资源，而且是全国生态主体功能区的重要组成部分。书中为生态环境的有效保护、生态优势转化为生态经济优势，从理论和实践两个层面开展了积极探索，反映了新时代转型发展的要求。

其二，具有较高的学术和应用价值。书中以我国东部地区浙江省景宁畲族自治县、西北地区甘肃省迭部县、西南地区贵州省黔西南布依族苗族自治州为研究样本，具有典型性和代表性。西部民族地区可以借鉴东部发展的成功经验，东部可以结对支援西部地区精准脱贫。书中提出的“文化总部”“景宁模式”以及“全产业链精准扶贫模式”等新成果，具有重要的推广应用前景。

其三，体现了敬业精神和家国情怀。作为一位大学教师，张教授秉承学以致用“把论文写在祖国的大地上”，积极投身民族地区扶贫攻坚任务，经常深入贫困山区、偏远农村调研，查阅大量资料，听取各方面意见。他积极响应中央统战部和中国民主促进会的号召，参与了很多扶贫攻坚服务项目与实际工作。由此，书中的字里行间，体现了张教授运用专业特长服务社会的工作历程，以及所拥有的理论与应用研究功底、深厚的家国情怀和奋斗进取精神。

总体而言，该书善于从实践工作与司空见惯的事物中，捕捉和发现有重要价值的新问题，并开展卓有成效的研究提出真知灼见。该书对有关管理部门和从事科研的同志以及在校研究生，拓展研究视野，提高研究能力，提高决策咨询水平等，大有裨益。

中国科学院地理科学与资源研究所研究员

钟林生

前言

生态文明，是指遵循自然规律的科学发展，遵循经济规律的持续发展，遵循社会规律的和谐发展的高度统一。推进生态文明建设是生态旅游的灵魂和目标导向，生态旅游是生态文明建设的有效载体和重要抓手。“绿水青山就是金山银山。”在生态文明成为新时代的主题，生态建设和环境保护成为新常态的背景下，旅游产业的生态效应和社会效应将得到极大释放，生态旅游将成为生态文明建设和民族地区精准扶贫的重要助推器。优良的生态环境是旅游产业赖以发展的基础和内在动力，也是吸引旅游者前来的主要因素之一，更是旅游业可持续发展的先决条件。凭借新时代中国特色社会主义和全面小康的东风，强力推进生态文明旅游，大力促进民族地区发展，是我们的历史使命。

民族地区发展问题一直备受关注。生态和文化，是民族地区的最大优势资源。如何通过发展生态文明旅游，推进民族地区全面建成小康社会，实现乡村振兴，是当前迫切需要破解的一个重要课题。

本书在国家民委立项课题和浙江丽水景宁、黔西南安龙县和甘南迭部县相关课题成果基础上，从生态文明旅游推进全国民族地区同步实现全面小康的高度，分别选取东部地区（浙江景宁畲族自治县)、西南地区（黔西南布依族苗族自治州）和西北地区（甘肃省甘南藏族自治州）为研究样本，从民族地区全面小康“景宁模式”、景宁全国畲族文化总部创建和全域旅游发展的视角切入，围绕民族地区生态文明旅游系统优化、机制创新、产旅融合、水旅融合及精准扶贫等层面展开研究与论述。试图为民族地区实现全面小康和乡村振兴，提供一个可资借鉴的有效路径和方法。

目　录

CONTENTS

第一章

生态文明与民族地区全面小康

第一节　民族地区全面小康“景宁模式”[①]

一、景宁模式的内涵

景宁模式的核心内容是“忠勇争先，畲乡景宁”。

景宁深入贯彻落实党的十九大精神，高举习近平新时代中国特色社会主义思想伟大旗帜，立足畲族文化和生态资源，坚持艰苦奋斗、深化改革创新、用足用活政策，努力当好民族地区乡村振兴的探路者和模范生。景宁是福建民间四大女神之首马仙故里，忠勇文化与民俗文化交融，逐步深入人心。贯彻“三个走在前列”[②]，发扬忠勇精神，脚踏实

---

① 基金项目：2017 年度国家民族工作委员会课题“民族地区全面建成小康社会研究”（项目编号 2017 - GME - 020）部分成果。该课题调研工作得到浙江省民族宗教委员会和景宁畲族自治县委、县政府的大力支持。本文得到浙江省民宗委潘友明处长的悉心指点。谨此一并致谢！

② 习近平同志在浙江工作期间，先后两次莅临景宁考察指导，并做出重要批示，要求景宁努力“跟上时代步伐”。2009 年，他复信景宁，要求“努力在推动科学发展、促进社会和谐、增进民族团结上走在全国民族自治县前列”。2014 年，他又委托工作人员勉励广大畲乡干部群众“志不求易、事不避难”。

地，争先进位，努力实现跨越发展。景宁注重践行“两山理论”①，推进生态文明，致力发展更科学、民族更团结、社会更和谐，成就景美人宁的中国畲乡。

二、景宁的主要特点

景宁是全国唯一畲族自治县，华东唯一民族自治县。

景宁拥有两大资源优势（生态、文化）和两个胜地（畲族文化总部、马仙故里）。

景宁实施生态立县、产业富县及文化名县“三县并举”战略。景宁的三小经济（小水电、小宾馆、小超市）具有很强的竞争力，已经覆盖全国很多省份。景宁已经成功搭建了具有全国战略意义的三大平台（全国工艺品设计大赛、畲族服装大赛、全国畲族发展论坛），为景宁实现转型升级和跨越发展提供了强有力的支撑。

景宁在改革创新工作方面，涌现出四大突出亮点，具体包括生态主体功能区优化与践行两山理论“尤为如此”、生态产业文化旅游融合发展与科学发展走在前列、全国民族团结教育示范区及促进社会和谐“平安金鼎”等众多荣誉。

景宁注重围绕创建全国畲族文化总部培育四大功能，即优势聚合、传承创新、高地示范及平台辐射。大力培育现代服务业四大经济，即平台经济、创意经济、体验经济与共享经济，推进产业结构优化，延伸产业链，推进转型升级。建立健全精准扶贫全面小康的四大机制，即科学考核机制、区域联动机制、结对帮扶机制及生态移民补偿机制。实现五大创新，涵盖“三个前列”目标模式创新、“政银保”一体化投融资机制创新、人才政策和机制创新、文化品牌创新和铁军队伍创新等。

---

① 两山理论，是习近平提出的新时代生态文明思想，主要内容是“宁要绿水青山，不要金山银山。既要绿水青山，也要金山银山。绿水青山就是金山银山”。

三、景宁的主要经验

一、紧扣上级要求走在前列，优化考核打造铁军领跑队伍建设

（一）贯彻习近平提出景宁要“走在前列”的要求，争先进位，成效十分明显。以加强基层党建“党员服务中心”为抓手，科学制定政绩考核办法，实施“大赶考”机制，打造景宁铁军。全力建设法治政府，以行政审批制度改革、“四张清单一张网”“最多跑一次”改革为着力点，进一步规范政府事权和运行机制。紧密联系实际，着力破解基层发展难题。深化农村产权制度改革，探索市民参与村庄整治、旅游业发展和乡村振兴的新路径和新方法，引导更多社会资本参与重大项目建设。打造“审批事项最少、办事效率最高、政务环境最优、群众和企业获得感最强”的县。景宁荣获“平安金鼎”奖。景宁致力“打开‘两山’新通道，富民兴县再赶超”的战略部署，进一步确立畲乡铁军“志不求易、事不避难”创新实干新导向，确保全县以“赶考”的新姿态顺利完成各项目标任务，努力取得新的、更大的成绩，通过“赶考”着力打造铁军。

（二）抢抓机遇，深入实施“绿谷精英550引才计划”，创建畲族文化、生态文化、畲医药以及民族地区建设小康社会等系列“研究基地”。以“人才公寓”提升“助力畲乡·人才工作室”，推出加强高层次人才队伍建设十余项人才政策，大力提升柔性引才质量与效益。实施实用人才发展工程，建立政府、企业与社会多元化的人才投入保障机制，发挥智联技术培训基地等社会公益组织的重要作用。景宁职业技术学校，获省级示范专业和示范基地。实施名企、名品、名家“三名工程”。实施文化项目工程“招标”制度。实施高技能人才“金蓝领”开发计划，创办“畲乡经理”培训学校，建立“畲乡经理”创业论坛，打响“畲乡经理”人才品牌。

二、紧跟时代步伐跨越发展，生态文明文化总部领跑文化建设

（一）坚持“一张蓝图绘到底”。景宁以“三个走在前列”为导向，以“四个全面”和“八八战略”为引领，实施“三县并举”，构建“两轴三圈”空间格局，践行“两山理论”，切实贯彻国家生态主体功能区规划，健全完善自然保护体系和千峡湖水源保护区。大力发展生态经济，注重生态效益，实施生态补偿异地开发。景宁与宁波、台州、绍兴等山海协作不断深入推进。坚持“一张蓝图绘到底”，景宁全域水标准达到Ⅲ类及以上。景宁为“浙江省生态文明教育基地”，获评“国家级生态县”。

（二）打造文化总部，强化四大功能建设。原创“文化总部理论”，在全国率先编制并实施《全国畲族文化总部发展规划》，以“四大能力”（文化优势聚合力、文化产业竞争力、文化传承创新力、文化品牌辐射力）建设为核心，着力铸造文化总部的聚合、引领、示范与辐射“四大功能”，重点抓好“八大工程”加快推进“全国畲族文化总部”建设进程。与中国社科院合作举办常态化“全国畲族文化发展景宁论坛”，不断积聚优势文化资源。大力推进畲族文化生态保护区，建设“千年山哈宫”和环敕木山旅游度假区“十大畲族村寨”，积极打造畲族文化圣地。

（三）创造战略优势，构筑高端优势平台。注重抢占战略制高点，积极谋划举办“全国少数民族工艺品博览会”，积极创建“中国民族工艺博览城”。努力办好“中国少数民族工艺品设计制作大赛”“中国（浙江）畲族服饰设计大赛”“中国畲族民歌节”“全国畲族体育竞技大赛”等重大经典赛事。安亭打造“畲族活态博物馆”，力争成为全国畲族原生态文化保护样板。强化景宁经济总部功能，积极拓展发展空间。不断强化“畲乡经理”人才支撑，全面推进“三小经济”（小水电、小宾馆和小超市）和“宋城千古情”旅游演艺品牌等优势产业，提升产业和文化的对外竞争力，不断创新发展模式，实施全方位对外

辐射。

三、紧持忠勇文化民族团结，和谐社会平安金鼎领跑幸福生活

（一）用足用活政策，坚持依法推进科学立法。先后制定或修正了《浙江省景宁畲族自治县自治条例》《景宁畲族自治县水资源管理条例》《景宁畲族自治县民族民间文化保护条例》《景宁畲族自治县城市管理条例》等，着力构建具有畲族特色的法律规章体系。制定实施《进一步加强新形势下民族工作深化少数民族经济社会发展扶持工作的若干意见》，确保少数民族政治上有地位、经济上有实惠、权益上有保障。《全国畲族文化总部发展规划》获县人大审议通过并以决议案的形式颁布实施，从法律上保障了文化总部战略实施的权威性和延续性。

（二）结合民俗节庆，注重弘扬传承忠勇文化。注重弘扬忠勇民俗文化，不断丰富民俗节庆，不断强化民族团结。依托“何马二仙”民间信仰，举办“马仙故里文化旅游节”和民族团结进步宣传月系列活动，使“忠勇文化”景宁精神深入人心，为真正实现“畲汉一家亲”根植文化基因。深入开展民族团结“六进”“四微”工作，景宁获评“全国民族团结教育示范单位”。积极培育民族青少年宫和郑坑乡等，争创全国民族团结进步创建活动示范单位。

（三）实施惠民富民工程，落实先富带后富。将下山移民与产业集聚紧密结合起来，实现有效脱贫。大力发展畲医畲药产业，不断延伸产业链。注重景宁畲药种质资源数据库、景宁畲药种植标准化体系、景宁畲药科技服务人才培训体系、畲药产业监督检测认证体系、畲药市场信息服务平台、畲药文化价值提升体系等六大体系建设，努力建成科技资源配置更优、服务水平更高、创新能力更强、可持续发展的浙江省畲药产业技术创新服务平台，推动景宁畲族医药传承弘扬以及畲药产业健康发展。大力发展景南、大漈及沙湾等康养小镇，积极拓展中国畲乡养生养老产业。

四、紧抓融合发展统筹协调，战略引领系统推进领跑美丽经济

（一）大力实施全域景区化，打造景美人宁的美丽乡村。争取省级财政持续扶持，在全国首创“政银保”合作小额扶贫贷款模式，实施“两保两挂”机制，注重培育造血功能，注重培育内生发展机制，推进产业文化旅游融合发展。景宁加快发展丽景园区发展，同时建设好景宁经济开发区、澄照农民创业园等产业发展平台。增强发展后劲，培育新增税源。景宁与温岭市、海盐县和绍兴市上虞区等对接的山海协作工程，不断深入实施。

（二）实施“三特工程”，发展全域旅游。着力营建畲族民居为主调，山水风光为基调，畲民富裕为核心，畲家风情为特色的中国畲乡。优化建筑风貌、绘制畲族文化墙，进一步浓郁畲乡文化氛围。李宝畲族村、深垟畲族村、马坑畲族村、包凤畲族村等被列入“中国少数民族特色村寨”。创建“畲乡绿廊国家级水利风景区”。中国畲乡之窗、云中大漈已成为国家4A级旅游品牌。

（三）聚焦“中国畲乡”品牌建设，致力共享发展促和谐。环敕木山畲族特色村寨示范带建设成功列入国家《“十三五”促进民族地区和人口较少民族发展规划》。切实推动民族村“双增”工作，实施“民族村集体小康工程”，增强村寨自我发展内生动力，进一步壮大村集体经济。积极创建乡村产业合作社，“景宁600”区域品牌有机农产品得到市场认同。大均伏叶特种养殖与农家乐、大漈瀑布与茭白产业、东弄村惠明茶与畲歌等形成旅游融合发展示范点。桃源村、李宝村农旅融合，吴布村、安亭村文旅融合，已成为民族村融合发展样本。李宝村荣获“浙江省十佳风情畲寨”。

五、紧贴群众需求共享发展，精准机制富民惠民领跑全面小康

（一）实施机制创新，产旅融合联动致富。立足艰苦奋斗，按照“三三制”原则，健全完善结对帮扶机制，落实“一对一”帮扶。不断扩大民间投资，推进文化产业旅游融合发展。“让文化走进生活”，造

福人民群众。推动“中国畲乡三月三”和“千年山哈”等传统节庆文化资源向常态化旅游商品转化。形成“乡乡有活动、月月有亮点、季季有重点”的乡村节庆品牌。

（二）大力推进公共服务均衡发展。扶持与培育民族地区特色优势主导产业，指导服务当地企业发展，提升民族经济内生发展动力，注重强化“造血”功能。加快发展丽景园区，加快建设景宁经济开发区、澄照农民创业园等产业发展平台，大力培育新增税源。积极与浙江省名校合作，不断提升基础教育质量。景宁“小班化”教育模式创新全国推广。浙江大学医学院共建民族医院，医疗条件得到极大改善。全县医保覆盖率达到99.1%。

（三）率先全面实现高水平小康。景宁先后获得中国最佳民族风情旅游名县、中国国际旅游文化目的地、中华最佳文化生态旅游胜地、国家级生态示范区、全国法治县创建活动先进单位、全国科技进步县、国家卫生县、国家首批绿色能源示范县、全国最具魅力洁净城市，成功夺得平安金鼎，县域经济综合实力在全国120个民族自治县中列居第九位。在全国120个民族自治县中用于民生的投入景宁名列第一，人均可支配收入名列第五。

第二节　景宁全国畲族文化总部的探索与实践

景宁是全国唯一的畲族自治县，华东地区唯一的民族自治县，在全面深化改革和落实“文化强国”战略的背景下，景宁需要发挥地域民族文化与生态两大优势，主动担当传承弘扬畲族优秀文化的历史重任，强化文化引领，走出一条特色发展、科学发展的路子。为贯彻落实习近平同志要求景宁“努力在推动科学发展、促进社会和谐、增进民族团结上走在全国民族自治县前列”和《关于加大力度继续支持景宁畲族自治县加快发展的若干意见》（浙委〔2012〕115 号）等指导精神，加快推进景宁“全国畲族文化总部”建设步伐，从 2014 年开始，景宁全面开展了全国畲族文化总部的探索与实践。

一、现阶段文化建设面临的突出问题

文化建设得到各级党委和政府的高度重视，也取得了有目共睹的显著成就，但是从全国层面来看，现阶段文化建设仍然面临以下几方面的突出问题：

（1）文化生态系统的顶级群落及其演替，没有得到应有的重视。从政府层面来看，我国先后开展了卓有成效的文化基地和文化中心的规划建设工作。但是，我们必须注意到，文化是一个生态系统。对于形成整体性、系统性的文化优势和核心竞争力而言，仅仅开展局地化的文化保护和文化建设研究是远远不够的。

（2）文化生态保护与建设的系统性与整体性创新严重不足。我国政府十分重视文化生态保护工作，开展了文化生态保护区和文化生态村的保护工作。各自为政的文化保护复制与低层次重复建设有余，跨区域的文化集聚与整合一直没有得到足够的重视。而文化生态保护的系统性和整体性，是文化生态保护与发展的极其重要的组成部分。

（3）文化产业与旅游体验的融合，缺乏有效的协同创新机制。我们在文化、产业与旅游融合发展方面进行了一系列探索与实践，曾经先后出现文化村落、文化民俗及文化主题公园的旅游开发热潮。随着旅游度假与体验经济的市场需求变化以及电子商务的飞速发展，文化产业与体验旅游的融合发展前景十分广阔，但是总体来看，目前尚缺乏有效的协同创新机制，迫切需要突破。

（4）文化生态系统功能建设，需要示范工程的引领与推进。迄今为止，尚缺乏文化生态系统功能建设的经典案例和示范工程。因此，全域性的文化建设迫切需要按照文化生态系统的整体性和系统性特征，积极开展理论创新与实践探索。

二、文化总部理论探索与模型构建

（一）文化总部及理论模型构建

在新的历史条件下，贯彻实施文化强国战略，充分发挥文化功能，引领区域产业转型升级，推进新型城镇化，建设全面小康和永续发展的美丽中国，这是我们推进“文化总部”建设的基本出发点和落脚点。“文化总部”作为一种新的文化发展模式，具有重大的现实意义，它既具有组织构架、机制运行、资源整合等功能性的意义，也具有品牌识别、内涵深化及产业提升等价值性意义，对当前的新型城镇化也有重要的实用价值。文化总部的创建与发展，有利于建设美丽中国，实现山水生态秀丽美、空间布局精致美、产业发展活力美、人居生活和乐美、特色文化灿烂美“五美融合”的美丽城乡。

文化总部，指一定地域、一定族群、一定类型的文化，在历史积淀与组织运作的双重推力作用之下，逐步形成的功能高度集聚并对该类文化具有向心性凝聚力与扩散性辐射力效应的核心区域。与自然生态系统相似，文化生态系统也是不断演变与发展的。文化总部是区域文化生态系统的顶级群落，是文化生态系统发展的高级阶段。同时，文化总部也是一个高度开放的复杂系统，文化总部兼备文化生态体验中心、文化创新实验中心和文化集散中心的综合功能，同时对区域经济、社会、生态等多方面建设具有整合和驱动作用。

“文化总部”与“文化中心”“文化基地”等有着根本区别。同类型的“文化中心”或“文化基地”可以有很多个；而同类型的“文化总部”只能有一个，意味着“文化总部”档次的高端性和数量的唯一性，可以形成“绝无仅有、至高无上”的顶端优势。文化总部可以根据主题特点划分为历史文化、民族文化、产业文化等不同的地域特色优势文化类型，如浙江景宁的畲族文化总部、山西运城的黄河文化总部、浙江杭州的电商文化总部、浙江横店的影视文化总部、浙江武义的养生文化总部等。文化总部不局限于大城市，可以是省会城市（杭州）和县城（景宁），也可以是乡镇（横店）。

文化总部，一方面具备一类文化的形象代表性、行为示范性和品牌辐射力，另一方面还应具备对该类文化发展的优势聚合性、传承创新性与发展驱动力。它通常以实现特色化（绝）、国际化（广）、市场化（活）及现代化（新）为战略目标定位，以优势整合（聚合）、创新研发（引领）、发展繁荣（示范）及高地平台（辐射）为主要功能定位。文化总部的核心要素包括文化核心价值、功能特征、生活方式、民俗风情、社会组织、管理体制、运营机制、产业拓展及时空展示等九个方面；表现形态主要包括文化制度、社会管理、生活方式、建筑风貌、宗祠神及民俗节庆等六大方面。文化总部在激活文化资源、拓展文化产业方面应该坚持智力资本化、资源产品化、产品市场化、市场品牌化及服务品质化等五大原则。文化总部的核心竞争力具体反映在文化优势聚合力、文化产业竞争力、文化传承创新力和文化品牌辐射力等关键指标上。从国际文化多样性和国家文化发展战略的视角来看，多样化的文化总部具有不可替代的战略优势和不可限量的发展潜力。

（二）文化总部的指标体系

文化总部发展的指标，主要体现在四大核心能力方面：文化优势聚合力、文化传承创新力、文化产业竞争力及文化品牌辐射力。文化优势聚合力是指文化总部（所在区域）对全国范围内同类文化优势的集聚与融合能力。这是文化生态系统演进和文化总部产生的重要基础能力。这种能力的培育与发展，需要优越的体制机制与战略平台保障。文化传承创新力是指文化总部（所在区域）对优秀文化传承、弘扬与创新发展的能力。这是文化先进性和创新性的重要标志，也是发挥文化总部的文化引领的关键。文化产业竞争力是指文化总部所在区域的文化产业和产品的市场竞争能力。这是文化总部的文化产业实力的重要标志，也是文化与产业融合发展程度的集中体现。文化品牌辐射力是指文化总部所在区域的文化品牌影响力和传播辐射能力。这是文化总部引领全国其他地区同类文化发展的能力。这四大能力建设，是切实推进文化总部发展和功能完善的关键所在。

（三）文化总部的运营机制

"双核驱动"内生发展是文化总部的重要运营动力机制。文化引领与产业推进的双核驱动，促进文化总部内生发展与融合发展，推动文化生态系统不断演进。要实现文化引领与产业推进的"双核驱动"，因为涉及内容比较广泛，在我国目前多头管理的现行政府体制下，是特别需要政策制度保障的；在市场经济背景下，同时也需要充分发挥好市场配置资源的决定性作用。因此，系统配套、统筹协调、协调创新，就成为"双核驱动"必不可少的重要手段和路径。

三、景宁全国畲族文化总部的建设进展

针对所面临的集聚缺平台、展示缺市场、创新缺人才、产业缺主导及辐射缺高地等重要问题，景宁明确提出"两大总部、三县并举、四大新区"的发展战略思路，在全国率先编制与发布《全国畲族文化总部发展规划》。以全国唯一的畲族自治县和华东地区唯一的民族自治县"两个唯一"优势为依托，以畲族文化和少数民族工艺文化"两大特色"资源为支撑，以文化引领和产业推进"双核驱动"为主线，以打造全国畲族文化传承交流与体验中心、全国少数民族文化创新实验基地、全国少数民族工艺品集散中心"三大高地"为目标，以文化优势聚合力、文化产业竞争力、文化传承创新力、文化品牌辐射力"四大能力"建设为核心，以"凤鸟展翅、点面联动、百鸟朝凤"空间布局为载体，以文化生态保护工程、文化优势集聚工程、文化创新研发工程、文化产业振兴工程、公共文化服务工程、文化体制创新工程、文化品牌铸造工程、文化传播辐射工程等"八大工程"建设为重点，以制

度机制创新为保障；到2024年将景宁建设成为全国畲族文化总部。本规划具有四大创新点：第一，文化总部理论探索和模式构建；第二，研究并提出“三大高地”战略目标及指标体系；第三，提出“中国畲乡·工艺景宁”，明确了主导产业发展定位；第四，提出文化总部建设的政策建议和保障措施。本规划的批复、发布与实施对指导景宁未来科学发展和引领全国文化总部建设，都将具有重要而深远的意义。景宁全国文化总部建设工作的进展，具体体现在以下几个方面：

（一）文化生态保护工程

畲族文化在景宁非物质文化遗产项目中占据着重要地位。20世纪初，景宁县非物质文化遗产保护工作按照“文化名县”的战略部署，以“文化先行”和构建“幸福文化”为目标，积极探索，非遗工作取得瞩目的成果。

一是景宁县国家级、省级非物质文化遗产项目。景宁县非遗成果入选国家级非遗名录3项、省级名录19项、市级名录33项、县级名录79项，并抢救了畲族祖图、畲族刺绣、畲家医学祖传方剂等一批濒临失传的畲族文化精品。

二是景宁县国家级、省级非物质文化遗产传承人与传承方式。景宁畲族自治县目前有国家级传承人1人、省级13人、市级25人、县级34人。每年给予非遗传承人发放补贴资金，国家级、省级、县市级分别为8000元/人、4000元/人、600元/人，激励农村传承人不断传承和弘扬非遗文化。

三是“景宁经验”和“景宁倡议”。文化遗产不仅是民族基本的识别标志，同时也是维系民族存在发展的动力和源泉。随着社会的发展和历史的变迁，如何有针对性、有效地对畲族文化遗产进行保护，保住畲族的民族个性、民族特征以及畲族文化多样性成了近年来文化部门亟待解决的问题。进入21世纪以来，景宁畲族自治县各届领导班子高度重视文化事业的繁荣发展，提出了“生态立县、产业富县、文化名县”

的“三县并举”战略，以及大力推进“集聚发展、统筹发展、文化发展、改革发展、和谐发展”的五个发展目标，这为畲乡文化事业的繁荣发展创造了得天独厚的优势，从而推动畲族非物质文化遗产保护工作蓬勃发展。近几年，景宁逐渐形成了“非遗传承有形化、非遗展示载体化、非遗成果品牌化、非遗工作整体化”的景宁非遗保护模式，得到浙江省市文化主管部门的肯定，并被概括总结为“景宁经验”，在全省其他县（市）进行了推广。2013 年 10 月，浙江省美丽乡村建设中非遗保护现场会、浙江省县级区域非遗保护工作交流会和由浙江省 18 个畲族乡镇长参加的“畲族文化乡镇长座谈会”在畲乡景宁召开。会议共同研讨畲乡发展大计，共同推动畲乡文化生态保护，一致通过了用绚丽多彩的民族文化打造幸福畲乡的倡议书。

四是建设一批民间文化博物馆。晓琴畲族民间陈列馆由民间自行组织、独家收藏并对社会免费开放，是我县第一家民办博物馆，创办于 2007 年，整个展馆占地面积 1300 平方米，收藏着畲族民间珍贵的服饰、银饰、生活家具、工艺品等藏品。目前，已收藏有民族文化遗产 8500 余件，畲族民间刺绣品 5000 余件，民间工艺品 2000 余件，银饰品 1500 余件，其中有 200 余件藏品具有较高收藏、观赏和参展价值。民办博物馆将是弘扬畲族文化、展示旅游形象的最好平台，将会成为促进畲族文化多元化发展、保护文化遗产的基地。畲乡民俗博物馆位于景宁畲族自治县红星街道人民北路 37 号，成立于 2006 年 8 月，主要展示畲族民间文化艺术珍品，承担着保护畲族民间文物、传承弘扬畲族非物质文化遗产、展示畲乡风采、宣传景宁、培训文化传承人等重要作用。它是了解景宁畲族的重要窗口和基地。博物馆自成立以来，一直坚持免费对外开放，每年接待旅客 30 余万人次，累计达 200 余万人次，深受旅客的喜爱和社会各界的好评。现已收藏藏品 1 万多件，共九大类：家具类 1100 余件、服装类 380 余件、银饰类 1800 余件、生产工具类 8700 余件、石质类 770 余件、刺绣品类 2900 余件、生活用品类 370 余件、畲族文献类70余件、其他类1700余件等。

（二）文化优势集聚工程

一是"国字号"活动越办越多。2014年30周年县庆期间，成功举办了2014中国畲乡三月三活动、2014第二届中国（浙江）畲族服饰设计大赛、第六届中国畲族民歌节暨"畲家飘歌"大型盘歌会，以及荣获第四届全国少数民族文艺会演9大奖项的《千年山哈》演出、中国畲乡凤凰合唱团献艺等各类"国字号"级活动，提高了文化优势集聚能力。30周年县庆暨三月三文艺晚会得到了"中华民族一家亲"节目组和中央民族歌舞团的全程参与指导，由专业技术精湛、实践经验丰富的领导和专业人士担任总策划、总编导。中央民族歌舞团众多著名民族艺术家组成强大演出阵容，为畲乡群众献上了舞蹈、演唱等精彩节目。同时，"中华民族一家亲"优秀文化进校园、送医下基层等系列活动相继开展，使畲乡群众在家门口享受到了高水平的医疗和文化服务，得到了广大群众发自内心的好评。

二是建设一批风情小镇。依托畲族独特风情，加快促进文化与旅游的融合，策划包装两个重大旅游项目和精品景点，把它们打造成为吸引游客、宣传畲乡景宁的畲族风情综合体中心。一是中国畲乡雷氏第一村。雷氏第一村旅游综合体（包凤区块）项目规划总面积600亩，利用包凤古村原有的建筑物和宅基地建设畲乡文化古村，分文化体验区（包凤古村）、修身养性区（水井湾地块）、强身健体区（十里长廊）三大区块，主要建设度假接待中心、畲乡养生会所、主题度假酒店等旅游设施，总投资3.5亿元。二是集中式畲族文化体验中心。这是景宁畲族风情旅游度假区的主入口。该项目规划占地约247亩，一期总投资3亿元。位于鹤溪街道塔堪村，主要建设畲族风情小镇、游客接待中心、千年山哈宫、度假酒店、商业房产等项目，功能涵盖游客接待、居住、畲族风情体验、娱乐休闲、购物等。项目区块结合规划结构布局及旅游需要，分为"一轴一带两翼五区"，包括畲文化轴、滨水山哈生态风情带、旅游服务集散区、旅游漫居社区、历史文化展示区、文化遗产传承及体验区、山水休游区。项目依托景宁优良的自然山水环境，以原真性展示与体验畲族人文生态为主题，集畲族朝圣问祖、畲族文化遗产保护与开发、畲族历史与文化展示、畲族民俗风情体验、慢生活度假等功能于一体，目标是将其打造成为采用1+N综合开发模式的——中国畲族朝圣问祖殿堂、国际畲族生态与休闲养生旅游综合体、原生态慢生活旅游度假服务区、新畲文化孵化地与发祥地。

（三）文化创新研发工程

繁荣和发展民间文化充满生机和活力。进入21世纪，景宁县群众文化专业队伍、民间业余团队不断壮大，成为“文化名县”建设的参与者和“幸福文化”的播种者。2014年，景宁县拥有业余团队439支，团队人数达到近万人。其中浙江畲族歌舞团、凤凰合唱团是景宁县实现畲族文化对外交流的主力军、民间业余团队如“畲之林快乐广场舞队”“畲族山歌表演队”“岗石村生态畲族女子山歌队”等都已成为景宁县基层文化活动的亮点。浙江畲族歌舞团是浙江省唯一以表演畲族特色歌舞节目为主的民族艺术院团。曾应邀赴北京、上海、天津、湖北、广东、江苏、福建以及浙江省的大部分市县表演过畲族文化精品节目。2002年至今先后参加过中国台湾地区、日本、韩国、匈牙利、奥地利、德国等举办的国际文化交流和国际民俗节活动，尤其是在受邀参加的匈牙利等13个国家民俗文化交流比赛中，在参赛代表团中中国是人数最少和唯一的亚洲国家，并获得团体第四和个人单项第一、第二的佳绩。经专家指导的《千年山哈》获第四届全国少数民族文艺会演表演金奖，并成功推出中国畲乡三月三第一个吉祥物——凤妮、畲字旗等。《印象山哈》是做强做大景宁旅游演艺品牌最重要的项目之一。畲族文化民间业余团队在景宁文化发展过程中，涌现大量业余队伍，截止到2014年全县已有业余团队439个，团队人数达到了近万人。成规模和有固定活动点的团队近百个，每年演出达1000余场。其中有自编、自导、自演当地民风民俗节目为主的畲乡鸿戏迷演唱团；有以唱流行歌曲、花鼓戏为主的宏顺艺术团；有以越剧、黄梅戏、京剧为主的畲乡草根戏迷俱乐部演出队；还有以唱畲族山歌的原生态韵味的岗石村生态畲族女子山歌队；以唱红歌为主的畲乡红歌演唱队；以展示畲族山歌以及农耕文化为主的东弄畲族文艺表演团队；以传承弘扬畲族舞蹈为主的“畲之林快乐广场舞队”。2013 年，在全国原创广场舞大赛中，“畲之林”广场舞队代表浙江，以广场舞《美丽畲乡等你来》，在来自全国的 30 多支队伍共 262 部参赛作品中脱颖而出，荣获全国一等奖和最佳表演奖两个奖项。景宁业余团队不仅成长为各类演出活动的中坚，而且成为传播先进文化、倡导积极健康生活方式的重要力量。近年来，在各乡镇“一乡一品”的文化节、乡村“春晚”、乡村联谊会、社区联谊会等一系列活动中，村办晚会的热情节节攀升，群众参与文化的热情日益高涨。

（四）文化产业振兴工程

一是强化人才工作力度，建立人才培养加强横向联系借力发展，不断增强创新动力。设立了县职业高中为畲族文化人才培养基地（景宣〔2013〕24 号文件），通过学校开设畲语、畲舞等畲族文化特色的课程教育为我县文化事业输送人才。出台人才政策，设立“助力畲乡·人才工作室”，签约多位省市级专家，为宣传文化事业建设提供智力支持。签约合作项目受到了省市各级领导的肯定。

二是成立国有文化企业为文化产业发展注入新的活力。2013 年 5 月，景宁畲族自治县文化产业发展有限公司正式成立，为我县文化产业发展注入了新的活力。景宁畲族自治县文化产业发展有限公司隶属县委宣传部建设全国畲族文化发展基地办公室，自公司成立以来，先后向国家版权局和工商局申请报送了“幸福吉祥”字符、三月三 LOGO、凤妮、“幸福吉祥”礼仪动作、中国畲乡三月三、畲旗、《千年山哈》等十余项本县创作设计的作品，对作品进行了商标及版权注册保护登记，形成了《畲族特色文化产品研发项目》可行性报告。另外，浙江畲族艺术团有限公司、畲乡影视传媒有限公司、景宁畲族自治县环敕木山建设投资有限公司、景宁畲族自治县千峡湖投资开发有限公司、景宁惠民广电网络有限公司等一批国有文化企业纷纷设立，大大提升了文化企业的规模和档次，为文化产业的发展注入了新的活力。

三是成功改编《印象山哈》市场运作推动演艺产业发展。畲族旅游大型歌舞剧《印象山哈》于 2014 年 4 月 3 日正式开始对外公演，至今已市场化运行共计演出 25 场。从目前情况看，市场化操作模式取得初步成功，《印象山哈》正在成为提升畲乡文化形象，展示畲族文化底蕴，推动畲县旅游发展的新动力。演出质量不断提高，观众游客好评不断，到景宁必看《印象山哈》成为一种现象；文化吸附显现后劲，游客开始走进剧场，产业带动成效初显。

四是政府组织强化畲族服饰推广助推服饰产业发展。中共景宁畲族自治县委办公室、景宁畲族自治县人民政府办公室《关于进一步强化畲族服饰推广工作的通知》（景委办〔2014〕3 号）成立了以县政府主要领导为组长，以县民宗局、县建设全国畲族文化发展基地办公室主要领导为办公室主任、副主任的组织机构，对 10 类人员强化畲族服饰推广工作。

五是制定出台畲族服饰系列标准促进产业发展。景宁畲族自治县作为全国唯一的畲族自治县，畲族文化历史悠久、底蕴深厚，畲族服装作为非物质文化遗产的传承发扬，已进入产业化开发阶段。在县质监局的指导下，由景宁畲族自治县龙凤民族服饰有限公司制定的《畲族品牌服装系列标准》通过专家组审定，并经行业主管部门依法备案，标志着首个畲族服装企业标准的正式出台，填补了畲族服装生产的标准空白。系列标准共包含畲族工作装（男款）、畲族工作装（女款）、畲族节日盛装（好纶装款）三个子标准。本次标准的出台对畲族服装的生产，保障产品质量和消费安全，促进产业的可持续发展具有积极的意义。同时，也为景宁畲族自治县“畲乡特色游”服务标准化项目建设增添了新的活力。

六是大力推进工艺产业发展。在省级畲族文化创意产业园基础上，积极创建澄照农民创意产业园和竹木工艺产业园。文化创意产业园（中国少数民族工艺品市场），集县域文化产（品）业创意、生产和市场销售核心平台作用于一身。从传统的设计、制作园区向创意园区、生产厂区、营销展区、生活（服务）社区、旅游（体验）景区“五区联合体”性质转变。结合外舍新区规划，建立中国少数民族工艺品市场和文化创意展示（体验）两大功能区，整合浙江民族经济开发区和澄照农民创意产业园功能，作为工艺品及各类优势型文化产品生产基地。

重点建设中国少数民族工艺品市场。争取国家民委支持，建立国家民委挂牌的“中国少数民族工艺品市场”或“少数民族市场建设实验基地”并争取与义乌小商品市场形成互补式联合关系。在外舍新区商业区实施中，留足“工艺品市场”发展空间，工艺品市场（商贸城）一期建设规模可入住1000家左右店铺（约100亩土地，双层建筑）。建设文化产品创意设计与展示体验区。与市场区连接，融创意设计、生活服务、工艺展示、旅游体验为一体，高层建筑为创意设计办公区，底层为名师现场制作展示及游客体验区，沿街配置适量茶（酒、咖啡）吧等创意生活服务项目，同时对创意人员和游客开放。

景宁现有文化企业56家，其中制造业文化产业法人单位12家、服务业文化产业法人单位39家、批零业文化产业法人单位5家。2012年，景宁畲族自治县畲山凤民族工艺品开发有限公司列入浙江省文化产业发展“122”工程首批重点文化企业，龙凤民族服饰有限公司入选国家“十二五”少数民族特许商品定点生产企业；2013年，景宁畲族自治县畲山凤民族工艺品开发有限公司、景宁畲族自治县龙凤民族服饰有限公司被评为丽水市首批重点文化企业。开展景宁畲族自治县“首批重点文化企业”评选活动，经企业申报、部门推荐、综合考核等程序共评出16家企业为我县首批重点文化企业，作为文化企业培育工程培育对象；2014 年，景宁畲族自治县富利达木制工艺品有限公司“儿童益智玩具生产基地建设”、景宁畲族自治县金林木制工艺厂“儿童和成人智力玩具生产线建设”两个项目列入 2014 年丽水市文化产业重点建设项目计划。大力发展畲族陶艺（植物陶），并成功报批畲祖烧（植物陶）国家实用新型专利，创建了畲族陶艺博物馆体验旅游基地。

景宁具有代表性的工艺品企业有畲山凤民族工艺品开发有限公司、景宁畲艺坊服饰有限公司、景宁畲族自治县龙凤民族服饰有限公司、景宁畲族自治县富利达木制工艺品有限公司、景宁畲族自治县宏强竹制品有限公司、景宁畲族自治县乐源工艺品有限公司、景宁隆尚工艺品有限公司等。

（五）公共文化服务工程

21 世纪初，景宁县以“文化名县”发展战略为指引，坚持“文化先行”理念，把握“文化富民、文化安民、文化扬名”工作重点，以构建“幸福文化”为核心，公共文化服务体系建设日趋完善，农村公共文化基础设施建设、村级文化阵地专职管理员队伍组建等领域走在全市乃至全省前列。景宁畲族自治县按照“县有三馆、乡有一站、村有一室”的城乡文化设施一体化格局，初步构建了“县、乡、村”三级公共文化服务设施网络。

一是县城文化基础设施不断完善。景宁县先后建成影剧院 1 座、非物质文化遗产展示体验馆 1 座、省级体育休闲公园 1 个、广播电视综合大楼 1 幢、畲族民俗博物馆 2 家、容纳千人的文化广场 3 个、体育馆 1 座、400 米田径运动场 1 个、建成“天天乐”广场 97 个。图书馆、文化馆、畲族博物馆三馆合一的畲族文化中心成为丽水撤地设市 10 周年“30 个精品工程”之一，总面积达 26500 平方米。文化馆、图书馆均为国家一级馆。

中国畲族博物馆。2012 年 3 月 25 日博物馆正式开放。中国畲族博物馆馆内藏品 1547 件，有省二级文物和省三级文物各 1 件。藏品主要分为畲族民俗文物、生产生活用具、畲族服饰、祭祀用品、书籍等，主要来源于民间征集和社会捐赠，其中特色藏品有畲族祖图、畲族服饰、彩带、头饰以及狩猎器物等。畲族博物馆是人们了解畲族人文历史，解读畲族民俗的重要窗口，成为全国最具影响力的畲族文献资料展示和查勘中心。其是“全国民族团结进步教育基地”“省级爱国主义教育基地”和“省级巾帼文明示范岗”，为浙江省陈列展览精品项目，是国家3A级旅游景区。

景宁县图书馆。2012年，景宁县图书馆再次搬入位于畲族文化中心的景宁畲族自治县图书馆新馆，馆舍面积3633平方米。2012年年底，景宁县图书馆正式投入使用。设有外借室阅览室、电子阅览室、采编室、少儿阅览室、电子阅览室、畲族文献研究室、自习室等各个室，全面向读者免费开放。景宁县图书馆现有馆藏图书10万余册，阅览座位200多个，其中少儿室座席50个。期刊250余种，报纸60余份，计算机45台，提供给读者使用的计算机31台。自2000年起，景宁县图书馆连续被评为县级文明单位。

景宁县文化馆。总占地面积26500平方米，包括博物馆、文化馆、图书馆三部分，其中文化馆占地5040平方米。设有音乐室、舞蹈室、摄影室、美术室、古筝室、录音棚、小剧场、排练厅、露天舞台、多功能厅以及业余团队活动室。进入21世纪，景宁县文化馆开展了各项基层文艺指导活动，“畲乡飘歌”“凤舞畲山大舞台”“畲乡讲坛”等一系列活动丰富了全县人民的精神生活。连续8年荣获丽水市原创歌曲大赛优秀组织奖，曾被评为浙江省先进文化单位和县级先进文化集体。2011年11月被国家文化部评为一级文化馆。

二是乡村文化基础设施建设不断加快。整合现有资源，拓宽投资渠道，加快乡镇文化基础设施建设。全县所有乡级建成文化站500平方米以上，镇级1000平方米以上的综合文化站，其中省一级站2个，二级站9个，三级站5个。沙湾镇、大均乡综合文化站命名为“东海明珠”

工程；沙湾镇、东坑镇、英川镇、大均乡、大漈乡、标溪乡、鹤溪街道等7个乡镇先后被命名为“山花工程”乡镇。实现了乡镇综合文化站全覆盖。同时，在中心镇——沙湾、东坑建成乡镇图书馆分馆。2013年完成26个点的村级“文化礼堂”建设。利用省、市、县三级特色文化村创建载体，进一步整合农村文化资源，充分利用村级组织活动场所和闲置校舍、旧礼堂、旧祠堂等，采用多种方式实现了乡镇综合文化站、村级文化活动室、农家书屋、图书流通服务点在全县范围100%全覆盖，90%的行政村安装了体育健身器材。创设“文艺直通车、电影大篷车、图书流通车”三个载体，开展“百场演出、千场电影、万册图书”下基层活动。两年来，为22个乡镇77支业余团队137个村文化活动室送文化器材价值500万元以上。省级文化示范户16户，省级体育强乡镇8个，省级文化示范村4个，县级非遗示范村3个。依托农村远程教育网等载体，各乡镇综合文化站、村文化活动室均建有文化资源信息共享工程，覆盖率达到省定标准。

农村文化礼堂成为农民的“精神家园”和“文化殿堂”。2013年，景宁县委、县政府制定出台了《景宁县关于推进农村文化礼堂建设的意见》，全面启动农村文化礼堂建设。①明确总体布局和功能定位。根据景宁县村镇分布、人口分布和各类群体精神文化需求特点，按照“为民、惠民、利民”要求，统筹协调，明确五年分步分批建设65个村的总体目标，着力构建农村文化礼堂“一心三沿”分布格局。②落实保障措施，全力推进。农村文化礼堂是一件实实在在的惠民工程，为确保工作落实到位，景宁县专门编制了《景宁农村文化礼堂建设工作手册》。③民俗文化与地方特色共融，畲乡礼堂“有滋有味”。④活动形式与文化内涵共行，畲乡礼堂“多姿多彩”。⑤运行管理与机制创新共进，畲乡礼堂“常用常新”。农村文化礼堂建设的主要成效。2013年，景宁县已建成农村文化礼堂26个。在年度考核中，分别被评为省级农村文化礼堂建设工作积极县和市级一类县。2014年1月9日的

《浙江日报》以《山坳里的文化梦》为题，专版介绍了景宁经验。农村文化礼堂成为乡村一道亮丽的风景线，成为一个红色的基层宣教场所，成为一个弘扬正气的乡风文明场所，成为一个陶冶情操的群众娱乐场所。农村文化礼堂承载着举办农村传统节事、大型群众文化活动、组织“天天乐”群众文体娱乐活动等职责功能，它极大地丰富了农民群众的精神文化生活。图书室、活动室等的建立和对外开放，为农民群众茶余饭后看书、下棋、健身提供了一个休闲的好去处，广大农民群众既可以接受文化的熏陶，又可以进一步陶冶情操。

畲族传统体育活动的成果累累。从2013年起积极开拓创新，不断吸收其他民族的体育活动项目，开发出凤凰逗、追凤凰、闹凤毡、凤凰跳、龙接凤等凤凰系列民族体育竞技表演项目。景宁民族体育工作充分体现了“在全省保持领先，金牌榜上力争有位”的优势地位。在各类国家、省级比赛中，景宁县运动员成绩喜人，其中雷严飞在第六届全国民运会上获得了蹴球比赛男单第六名的好成绩。景宁体育局还被省民宗委和省体育局联合授予浙江省参加第八届全国少数民族传统体育运动会先进集体。在第四届省民运会上获得3金、5银、9铜，团体总分第四名；在全国第九届民运会上，《摇锅》获得表演铜奖。《景宁畲族自治县全民健身实施计划（2012—2015）》于2013年1月6日由景宁县政府正式公布。公共体育项目建设取得实质性突破。人均公共体育场地面积达到1.6平方米以上，形成县、乡镇（街道）、行政村（社区）三级公共体育设施网络。县本级建成“一场一馆一中心”。实现了各类体育设施向社会开放，公共体育设施开放率达到100%，县城公办学校和企事业单位篮球场开放率达到100%。目前，已向景宁县220多个行政村发放体育健身路径，有效提升和改善了景宁县体育健身的基础条件。通过努力景宁县拥有12个省级体育强乡镇，2014年目标申报5个体育强乡镇；2个省级体育先进社区；2个省级体育休闲公园；15个农村体育俱乐部；7个老年体育活动中心。“全民健身日”“文体健身广场活动”

等系列（主题）活动，引导群众积极开展全民健身活动，形成“一县一品牌、一乡一强项、一村一特色、一系统一比赛”的全民健身氛围。指导开展以太极剑、太极拳、木兰扇、健身舞、门球、棋牌等为内容的老年人体育活动，参与群众不仅有城镇的居民，更有许多集中居住的农民群众，有力地推动了全民健身活动的深入。

惠民文化服务全域覆盖。继续做好全县文化、体育场馆的免费开放工作。文化馆举办畲乡文化传承培训会、耕山播海文艺骨干培训、业余团队项目培训、畲族歌舞培训等八大类培训，培训 2000 余人次。开展“畲家飘歌”进基层、进企业、进机关、进校园系列活动，受惠群众 5000 余人。图书馆开展“书香满军营”“书香进农家”“书香飘校园”“书香润童心”系列活动，受惠群众 5000 余人。开展小小故事林、第十届未成年人读书节活动，受惠群众 3000 余人。2020 年县庆期间，为让广大观众更好地参观 30 周年成就展、浙江省观赏石精品展暨景宁青花石展、“鹤溪永年”书法展、孔子文化展、全市集邮展等各类展示展览活动，在活动场所配备讲解员、设置盲道等，为观众提供便利。组织开展了系列体育赛事、社区排舞大赛、乡村特色文化活动、“百村闹春·乡村晚会”联欢活动、“大地飞歌”乡镇农民艺术展演、我的“畲乡梦”演讲比赛等文化惠民活动，让广大群众当主体、做主人共享发展成果。围绕“奋进 30 年，锦绣新畲乡”开展“凤舞畲山”大舞台品牌系列活动之“打造幸福畲乡，建设和谐家园”活动年。积极开展“寻找魅力家园”摄影大赛、“发掘畲乡风情，描绘魅力景宁”绘画大赛、“幸福家园，欢乐盛典”校园春晚、“美丽乡村，魅力家园”戏艺大赛以及“畲舞飞扬”全县畲族广场舞大赛等系列活动。

（六）文化体制创新工程

一是省市出台扶持景宁文化发展政策。上级对景宁文化建设的支持是一贯的。2008 年 5 月，浙江省委、省政府为切实加大对景宁的政策扶持力度，专门制定出台《关于扶持景宁畲族自治县加快发展的若干意见》（浙委〔2008〕53 号文件），科学规划景宁 2008—2012 年的发展目标。2012 年 10 月，浙江省委、省政府在浙委〔2008〕53 号文件时效到期后，出台了《关于加大力度继续支持景宁畲族自治县加快发展的若干意见》（浙委〔2012〕115 号文件）延期 5 年继续实施相关扶持政策，加大对景宁经济社会发展的扶持力度。针对景宁文化发展的实际情况，浙江省文化厅出台了《关于继续支持景宁畲族自治县文化发展的实施意见》的浙文办〔2013〕42 号文件，从“支持景宁文化建设的总体思路”“支持景宁提升公共文化服务体系建设”“支持景宁保护和利用文化遗产”“支持景宁打造文艺精品和开展对外文化交流”“支持景宁畲族文化产业加快发展”“支持景宁文化人才队伍建设”“建立健全工作机制”等七个方面明确了扶持景宁文化发展的主要内容，提出了“争取到 2017 年帮助景宁建设成为全国 120 个民族自治县的文化建设示范区”的宏伟目标。

二是景宁出台了一系列的文化工作实施意见。2009 年景宁畲族自治县充分利用民族立法权的优势，起草了《民族民间文化保护条例》，2010 年经省人大常委会审议后于 10 月发布实施。《条例》的实施为农村文化资源的开发、保护和利用提供了法律保障。景宁县先后制定出台了《关于推进公共文化服务体系建设实施意见》《关于加快畲乡文化建设的决定》《关于进一步加强农村文化建设、推动畲乡文化大发展大繁荣的实施意见》《“全国畲族文化发展基地”建设纲要》《景宁畲族自治县乡镇综合文化站建设方案》等一系列政策法规，对今后几年景宁县文化建设的指导思想、工作目标、保障措施和每年的主要任务都做了明确的规定，对一些重点工作如文化基础设施、文化队伍建设和文化活动繁荣等做了专门的规定。这些法规和文件的制定出台，激发了景宁县上下积极开展文化建设的工作热情，文化氛围空前活跃，文化保护、文化创新、文化弘扬深入人心，为景宁畲族自治县文化事业的大发展、大繁荣奠定了坚实基础。

三是政府投入资金逐年上升。近5年来，文化投入2个多亿，并逐年上升，超过景宁一年地方性财政收入。其中建设投资总额超过以往20年的总和。为着力打造“畲族文化总部”、提升公共文化服务建设、大力推进畲族文化的繁荣发展提供了坚实保障。

四是纳入考核体系。成立了“文化基地建设领导小组”，逐步健全了联席会议制度。将文化建设纳入政府目标管理责任制，纳入乡镇、部门年度目标责任制考核内容。形成了全县上下合力抓文化建设的工作局面。

五是强化了文化建设规划工作。编制发布并实施了《全国畲族文化总部发展规划（2014—2024）》《集中式畲族文化体验中心概念性规划》《景宁畲族风情旅游度假区环敕木山畲族村寨概念性设计》《景宁畲族自治县历史文化古村落保护与利用总体规划》《景宁畲族自治县深垟村历史文化村落保护利用规划》等相关规划，科学推动了文化总部的建设与发展。

（七）文化品牌铸造工程

一是绚彩中华——中国畲族服饰展在上海纺织博物馆展出。该展览从2014年3月22日至5月12日在上海纺织博物馆展出。展览以畲族服饰文化为背景，分为“传统畲族服饰”和“现代畲族服饰”。来自全国各地的20余家知名新闻媒体参加了展览发布会。

二是生态畲乡·美丽景宁——庆祝景宁畲族自治县成立30周年生态文明成果展在浙江自然博物馆展出。通过图文并茂及声、光、电等多媒体表现形式，展出了畲族服饰、银饰品、刺绣、彩带等300余件各具特色的畲族展品，从畲乡概貌、生态文化、生态创建、生态产业、领导关怀、生态家园、展望未来等七大方面，全面宣传展示畲乡景宁30年来生态建设取得的重大成果和畲乡发生的翻天覆地的变化。在展览期间，由浙江科学技术出版社出版发行了2万余字和近300张精美图片的《生态畲乡·美丽景宁——景宁畲族自治县生态文明成果巡礼》一书。

省委副书记、省长参观了该展览，并对景宁致力生态环境改善、实现人与自然和谐发展所取得的成绩表示肯定。让来自深山的畲族文化，首度进入都市，成为初春杭州的一道亮丽风景。展览从 2014 年 3 月 28 日至 5 月 28 日，历时两个月，参观人数达 330209 人次。

三是山哈风韵——浙江畲族文物展在福建省博物院展出。该展览于 2014 年 5 月至 7 月在福建博物院 1 号展厅展出。展览以畲族历史、宗教信仰、生产习俗、生活习俗为主线，共展出畲族文物 200 余件，其中畲族博物馆有 49 件畲族文物参展。展现了畲族人民勤劳朴实、热情善良、吃苦耐劳的民族精神。尤其是畲族服饰部分，不仅体现了畲族鲜明的民族特色，也展现了畲族丰富的文化内涵。

四是积极推进景宁与台湾地区的两岸交流。为拓展民族工作内涵，加强对台交流，以共庆三月三传统佳节活动为契机，邀请台湾原住民发展协会等两支参访团和少数民族艺术家，共同参加庆祝大会、民族文化座谈会、孔庙落成、非遗体验等活动，一并参与"中华民族一家亲"大型文艺晚会、畲族服饰设计大赛等演出，积极促进两地文化交流交往，密切了两岸人民的情感，加深了彼此的文化认同，为两岸的交流与合作发挥了积极的作用。

五是网上与网下共庆，城镇与乡村联动。为将县庆暨三月三活动打造成一个广泛参与、形式多样、氛围热烈的全民节庆，充分利用网站、微博、微信等新媒体，采取网上网下共庆的办节模式，将大量精彩节目搬上网络，并不断推出多项网上共庆群众互动活动，充分调动了群众特别是年轻群众的参与热情与积极性，并为大量身处异地的畲乡游子提供了感受家乡节庆氛围，参与家乡节庆活动的平台。为了使全县城乡群众都有节目可看、活动可参，采取了"干群同乐、城乡同办"的做法。积极引导乡镇、农村、企业、个人参与，形成了活动县城集中、乡镇多点，政府为主、民间为辅的节庆格局。在乡镇举办的活动有大型盘歌会、抢猪节、火神节、云游大漈等，更多的乡镇农村则是通过体育一条街活动、社区排舞大赛、农民艺术展演等活动参与到县庆中。同时，企业也举办了“畲祖烧”陶艺体验、全市集邮展、摄影大赛、《印象山哈》演出、畲族题材电影《山哈女友》首映等活动。据统计，本次活动参与的乡镇（街道）达21个，农村社区140个，企业达60余家，干群有1万余人。“两级同办”充分调动了群众的艺术创造性与参与节庆筹办的积极性，展现了景宁的民族与乡村特色文化，真正实现了全民动员、全民参与。

（八）文化传播辐射工程

县委县政府高度重视对畲族文化的保护和宣传，吸引了更多来往景宁的游客，游客们对畲族特色旅游商品的需求也随之增加，尤其是具有畲族标志的畲族服装、手工艺品等产品引起了游客的浓厚兴趣和关注。因此，用科学发展观的眼光来挖掘、整理、开发畲族服饰产业显得十分重要，这不仅能够促进传统畲族文化的传承、保护与发展，而且对发展景宁少数民族地区特色经济，全面建设小康社会，推进畲族文化基地建设都有积极意义。

一是积极扶持培育引领企业示范，壮大民族文化产业。畲族服饰是畲族文化资源的重要象征之一。目前，全县生产畲族服饰产品的企业主要有浙江省文化产业发展“122”工程首批重点文化企业1家（景宁县畲山凤民俗工艺品开发有限公司），国家“十一五”“十二五”少数民族特许商品定点生产企业1家（景宁龙凤民族服饰有限公司），景宁县规模以上企业1家（景宁畲艺坊服饰有限公司），景宁县畲山凤民族服饰有限公司、景宁百纳鞋业有限公司、景宁县金美畲族服饰设计有限公司、景宁玉山银饰品有限公司、景宁县李亮畲乡囊工艺坊、景宁县蓝延兰畲族民间工艺品工作室等9家，产品主要销往福建、广东、江西和周边县市及本地。积极举办畲族服饰大赛推动畲族服饰产业发展。设县30年来，先后举办了5届全国性的畲族服饰大赛：1998年畲乡风情节举办的“首届中华畲族服饰大赛”、2004年20周年县庆暨中国畲乡风情节活动举办的“第二届中华畲族服饰大赛”、2009年中国畲乡三月三举办的“第三届中华畲族服饰风格设计大赛”、2012年首届中国（浙江）畲族服饰设计大赛、2014年30周年县庆暨中国畲乡三月三活动举办的第二届中国（浙江）畲族服饰设计大赛。为弘扬畲族传统文化，开发畲族特色服饰，展示畲族民俗风貌，推进畲族文化产业发展奠定了基础。政府组织强化畲族服饰推广，出台《关于进一步强化畲族服饰推广工作的通知》（景委办〔2014〕3号文件）成立了以县政府主要领导为组长，以县民宗局、县建设全国畲族文化发展基地办公室主要领导为办公室主任副主任的组织机构，对十类人员强化畲族服饰推广工作，制定出台畲族服饰系列标准。

二是“文化创建”工程如期启动。“双示”创建有序推进，积极开展全省公共文化服务体系示范区“文化联动”活动；全市“乡村春晚示范县”创建进展顺利，启动了“百村闹春”“文化大拜年”“文化进城”等系列文化贺春活动。根据全市创建“乡村春晚”示范县要求，以兴建的“幸福文化广场”和文化礼堂为平台，创新推出年度特色文化活动，开展了由群众自办的文化活动400多项；作为全省唯一的民族县，景宁县主动承担了全省“基本公共文化服务标准化、均等化”课题研究工作，是全省承办6个县市之一，也是唯一承担全省少数民族地区基本公共文化服务标准化、均等化课题研究的县，为全国民族文化立法工作提供了参考和依据，目前这项工作已经基本完成。

三是有效展示了“小县名城”新形象。第一，提升了城乡面貌。人民北路与凤凰路接通工程、凤凰桥工程、鹤溪大酒店工程、入城景观工程、体育运动场提升工程、畲族风情旅游度假区游步道工程、县城美化亮化净化工程、规划展览馆工程、青少年宫工程、府前桥改扩建工程等献礼项目完成建设，市容市貌得到全面改进，焕然一新，进一步提升了县城的城市品位。第二，推介了文化形象。精心制作景宁形象宣传片、成就片、预热片；组织开展孔子文化展、民族体育一条街活动等特色文化活动；大力支持畲族题材电影《山哈女友》拍摄播映、《印象山哈》专场演出等文化产业活动，通过这些活动较为系统地展示畲乡景宁的历史底蕴、风土人情、秀丽风光，为将畲族文化向品牌化、市场化发展注入了强大的活力。第三，展现了辉煌成就。筹备工作自启动以来，在《人民日报》《中国民族报》《浙江日报》《丽水日报》等媒体开设专版专栏，累计刊登新闻报道30余篇次；在浙江卫视、丽水电视台播出新闻报道30余篇次；在《畲乡报》、县广播电视台、县政府网、景宁新闻网等县内新闻媒体推出“奋进三十年·锦绣新畲乡”等系列报道，先后刊发和播出200多篇新闻报道，全面展现了自治县成立30年来取得的辉煌成就。通过一系列丰富多彩的宣传报道，有力宣传推介了景宁县丰富的资源优势、独特的民族文化和浓郁的民俗风情，提高了“中国畲乡，小县名城”的知名度和影响力。

推进全国畲族文化总部建设与发展八大工程，已经全面推进，并取得了一定成效。积极探索富有畲乡特色的发展路径是推进民族团结进步事业的坚实基础；努力让各族人民共享发展成果、共同繁荣进步是推进民族团结进步事业的根本保证。全面推进全国畲族文化总部建设，不仅目标更加明确，也进一步坚定了景宁走“三县并举”发展之路，加快实现习近平同志提出的“三个走在前列”目标的决心和自信。

四、加快全国畲族文化总部建设的若干建议

《全国畲族文化总部发展规划》已经景宁畲族自治县委县政府发布并形成人大常委会决议，必须深入全面贯彻到全县“十三五”规划之中，确保规划目标实现。2015年是“十二五”时期的最后一年，也是“十三五”时期的规划之年。因此，2015年是建设和发展全国畲族文化总部非常关键的一年，需要从抢占战略制高点的角度，切实抓好以下几个方面的工作。

（1）加强组织领导，成立“全国畲族文化总部建设领导小组”。可

以将“畲族文化基地工作领导小组”提升为“全国畲族文化总部建设领导小组”，并进一步规范联席会议制度，进一步明确工作目标责任和工作计划。

（2）加强协同创新，不断优化扶持政策，强化全国畲族文化优势的集聚。进一步优化全国性的畲族文化研究平台，尽快成立中国畲族文化研究中心（或研究院），并结合民族医院成立“畲族医药研究院”。出台扶持政策，健全机制充分发挥平台协同创新作用，强化全国畲族文化优势在景宁的集聚，为传承创新奠定人才和技术的基础。

（3）深化理论支撑，积极举办“首届文化总部科学发展学术研讨会”。以发布和宣传《全国畲族文化总部发展规划》为契机，不失时机地举办“首届文化总部科学发展学术研讨会”，并逐步形成文化总部的学术论坛平台，不断深化文化总部理论创新。

（4）夯实特色主题，尽快申报“中国民族工艺品之乡”。贯彻落实“中国畲乡·工艺景宁”的战略目标，举办“全国少数民族工艺品博览会”及打造“全国少数民族工艺品博览城”都迫切需要“中国民族工艺品之乡”的品牌支撑。

（5）强化贯彻落实，《全国畲族文化总部发展规划》要向景宁“十三五”规划全面渗透。

（6）尽快抢占制高点，结合2015年“中国畲乡三月三”活动，积极举办“中国少数民族工艺品博览会”。这方面可以充分学习和借鉴武义“国际养生产业博览会”的成功经验。

（7）依托领导小组及其所属机构，积极开展专题调研。组织有关人员赴义乌学习与借鉴国际商贸城的成功经验，谋求建立相关合作机制。同时，积极争取全国工艺品行业协会的支持，组织相关赴云贵川桂等地开展专题调研，尽快编制与实施“中国少数民族工艺品博览城建设规划”和“景宁工艺品产业发展规划”。

（8）加快推进转型，深化文化旅游产业融合，积极拓展体验经济。在整合资源全面深化环敕木山文化体验旅游产品开发的同时，需要进一步拓宽思路，同时启动休闲彩带绿道和东坑镇畲族文化体验旅游产品的开发。

五、景宁建设与发展全国畲族文化总部的启示

（1）文化总部理论是文化生态学和文化管理学理论的一个重要补充。文化总部理论是关于全域范围内的文化生态系统顶级群落的规律性认识，突破了文化生态保护和文化管理的局域研究的局限性，具有创新性和系统性。文化总部理论，对提升文化核心竞争力和促进文化产业旅游融合等，都具有重大的应用价值。

（2）文化总部建设是实现文化繁荣发展与推进生态文明的重要手段。文化总部为文化繁荣与发展提供了一种全新的、切实可行的路径和方式。文化总部的建设与发展，必将有效推进文化生态系统建设和功能提升，必将有效推进生态文明建设。

（3）文化总部建设是实现融合发展和转型发展的重要平台。文化总部的文化引领和产业推进“双核驱动”的内生发展机制，为区域的新型城镇化和推进产业转型升级提供了重要的原动力。

（4）文化总部建设是实现文化“走出去”的重要路径。文化总部建设，将原本各自为政，甚至同类竞争的文化中心和文化基地予以系统化，最大限度地集聚文化优势并促进整体系统功能的提升，是提升文化产业的核心竞争力，实现文化“走出去”的重要路径。

（5）文化总部建设需要配套政策扶持和示范工程引领。文化总部还是一项新兴事物，既需要理论研究更需要实践探索，因此特别需要配套政策扶持，才能确保健康快速发展。从全国范围来看，文化总部的建设与发展迫切需要示范工程引领，景宁畲族自治县是全国率先提出并实施文化总部规划的单位，可以作为示范工程来打造。因此，景宁全国畲族文化总部建设与发展，具有重要的理论价值与实践意义。

第三节 景宁全域旅游发展战略研究

一、发展战略与定位

（一）发展战略

1. 以“十三五”规划为纲，共享发展

“十三五”规划强调为人民提供更多幸福是旅游业发展的根本内涵。旅游业发展可以在人民基本物质需求满足后，为人民提供更多精神上的愉悦和追求，旅游公共服务和更完善的旅游产业服务是人民的重要福祉。旅游市场和旅游产业在空间上存在竞争和合作关系。景宁旅游发展的很多成果都由景宁人民共享，同时可以使得全体参与者在共建共享中获得更多成就感，以此增强发展动力，增进人民团结。未来旅游发展更是要坚持为了人民、发展依靠人民、发展成果由人民共享的原则，人人参与、人人尽力、人人享有，实现全体人民共同迈入全面小康社会。

2. 以国家公园改革为契机，融合发展

从资源整合到产品线路整合再到市场品牌整合的推进，全面提升景宁旅游业的功能层级和影响力，打造全国畲族文化旅游第一品牌。树立大景宁和大旅游的概念，立足高位，放眼周边，和周边地区在资源开发和保护、客源市场的营销等方面开展积极合作，特别是和福建的畲族文化、马仙民间文化实现区域联动战略，打造中国畲族文化总部，以此来提高景宁旅游业的整体竞争力，提高浙西南旅游经济生态位，重组浙江旅游新格局，打造大浙江旅游经济均衡发展。在区域经济一体化、市场高度开放、市场规则日益完善的趋势下，旅游产业的竞争与合作有利于区域整体互动。景宁县旅游经济发展应注重加强与自身资源差异化较大的县域的合作，如松阳县、青田县等；避免与云和县、遂昌县、缙云县等拥有同质化资源的县域进行恶性竞争。在区域竞合关系中，景宁所处的浙西南旅游板块是以山水旅游为主的目的地，景宁应在融入大的开发板块、整个浙西南旅游线路的同时，保持自身畲乡人文特色。

3. 以旅游风情小镇为突破口，品质发展

畲乡小镇是浙江省创建的首批 37 个特色小镇之一，围绕“旅游服务、文化创意、总部经济、生态农业”四大产业，打造宜居、宜业、宜游的旅游小镇、文化小镇、绿色小镇。通过畲族文化产品（畲乡小镇、畲族文化体验小镇、爱情小镇、生态小镇、畲族风情旅游度假区、畲娘民族文艺会演）、健康产品（养生美食、雁溪古风生态休闲度假区）的重点开发与营销，致力打造中国最具主题性和参与性的畲文化品牌，实现旅游产业的转型升级与提质增效。重点发展东坑爱情小镇、景南养生小镇、渤海渔业小镇、沙湾夯土小镇以及梅岐红色小镇等旅游风情小镇，要做到以下三点：一是从旅游门票经济向旅游综合经济转型，培育成熟的旅游消费市场，调整旅游消费结构；二是由观光游向休闲度假游转型，增加休闲度假和体验型产品，满足游客深生态游、深文化游；三是从资源产品竞争向品牌文化竞争转型，以旅游精品项目的带动，树立区域特色文化品牌。

4. 以乡村旅游和养老旅游为平台，全域发展

率先打造“省级全域旅游示范区”。景宁旅游全域化就是指各行业积极融入旅游业，各部门齐抓共管，全县居民共同参与，充分利用目的地全部的吸引物要素，为前来旅游的游客提供全过程、全时空的体验产品，从而全面地满足游客的全方位体验需求。“全域化旅游”所追求的，不再停留在旅游人次的增长上，而是转向了旅游质量的提升，追求的是旅游对人们生活品质提升的意义，追求的是旅游在人们新财富革命中的价值。景宁旅游要按照全域旅游的要求，以“城旅一体”为发展理念，持续推进“十大畲寨”建设，融合旅游服务、休闲养生、文化创意、产业发展等主要功能，在城市改造中有机融入畲族旅游元素，强

化配套支撑，提升新景区全域化。

（二）主题定位

本规划立足于畲族风情5A景区打造，着力实现景宁旅游“中国畲族风情旅游最佳目的地、中国优秀传统文化传承创新区、国家生态旅游示范区”三大主题定位，促进景宁旅游跨越式发展。

1. 打造中国畲族风情旅游最佳目的地

景宁是浙江畲民的精华荟萃之地，保留了较为完整的畲族文化传统，现今已成为华东地区唯一的畲族自治县。这里悠久的畲文化，奔放而热情的畲民族，赋予了景宁旅游独特的灵魂和魅力。与此同时，景宁民俗文化、乡土文化、茶文化、服饰文化、饮食文化、婚嫁文化等文化，源远流长、影响深远，与畲文化一道共同筑就了景宁文化旅游的资源基石，为景宁大力开发文化旅游业提供了强力支撑。景宁作为马仙故里，应充分发挥这一优势，整合相关资源，将景宁建设为集自然风光游览、高山健康度假、特色文化体验、滨水休闲、高山户外运动为一体的中国畲族风情旅游最佳目的地。

2. 弘扬畲族文化，打造中国优秀传统文化传承创新区

以“畲族文化有形化、文化载体项目化、文化成果精品化”为发展主线，以民族文化体验、特色文化创意、畲族风情演艺业、茶文化体验为重点，建设民族特色鲜明的长三角特色文化名县，中国畲族风情旅游目的地，最终目标是建设成为中国优秀传统文化传承创新区。同时，积极利用景宁“中国畲族文化总部”的平台优势，整合县城周边旅游项目，将整个县城分为两个省级特色小镇来打造：围绕鹤溪的畲族文化体验小镇、围绕外舍的畲乡小镇。

3. 突出生态养生优势，打造国家生态旅游示范区

建设以高山农业观光、高山生态养生、高山避暑度假、高山户外运动等为主题的生态旅游，突出景宁生态健康福地这一旅游新概念，打造国内一流养生旅游目的地，将景宁生态环境优势转化为生态经济优势。

二、发展目标与主要任务

（一）发展目标

“十三五”是景宁旅游赶超与跨越发展阶段，也是旅游项目建设阶段，以打造中国畲族文化旅游目的地为目标，围绕“文化、生态、健康”的旅游主题，策划畲族文化体验、民俗文化体验、生态养生、高山健康等为主的项目，策划旅游节庆活动，迅速引爆人文体验、健康旅游在国内外的知名度。保持景宁旅游经济中高速增长，确保全县旅游总收入年均增长率超过25%，到2020年，实现旅游收入85亿元，旅游人次1000万，人均消费840元，带动县域就业5万人；80%以上旅游产品及旅游商品实现电子商务化，全县在线旅游交易额超过10亿元，在线旅游交易渗透率达到25%以上。

表1－1　“十三五”时期旅游业主要发展指标

指标	单位	2020
旅游业总收入	亿元	85
年增长率	%	25
旅游总人次	万	1000
人均消费	元	840
带动就业（县域）	万	5
在线旅游交易额	亿	10
在线旅游交易渗透率	%	25
旅游区环境达标率	%	99
5A级旅游景区	个	>=1

其中，具有标志性、导向性的具体目标可以概括为“一二三四五六七”。

“一”：启动创建一个国家5A景区（中国畲乡），同时创建2～3个国家4A级景区（畲乡绿道、千年山哈宫、炉西峡旅游区）。

“二”：做精两大产品（特色文化体验旅游、生态养生美食旅游）。

“三”：深化旅游服务标准化工作，创建三个旅游服务质量标准与指南（养生美食、文化体验、旅游融合体）。

“四”：依托四个特色小镇（畲乡小镇、畲族文化体验、生态小镇、爱情小镇），打造四大高地（民族文化体验高地、养生美食旅游高地、民族工艺博览高地、绿色生态发展高地）。

“五”：构建五大体系（公共服务体系、系统保障体系、质量管理体系、教育培训体系、旅游品牌体系）。

“六”：建设六大基地。①建设一批主题突出、内容丰富、配套完善、服务规范、安全有序的国家级、省市级研学旅游目的地和示范基地；②建设一批商务旅游线路和商务考察旅游基地；③开发建设一批休闲度假型、农事体验型和康复疗养型老年考察养生基地；④打造一批体验性强、影响力大的工业旅游品牌，建设一批省市级工业旅游示范基地；⑤重点培育两个特色商业街区，重点打造一批民族旅游工艺品制造基地；⑥推出一批运动休闲精品线路，创建一批省市级运动休闲旅游示范基地。

“七”：推进七大“旅游+”产业融合。

（1）深度发展文化旅游。培育一批文化旅游示范区和非物质文化遗产旅游经典景区，建设一批博物馆A级景区，打造一批具有景宁畲族特色的文化旅游线路品牌，提升具有景宁地域文化特色和科技艺术含量的旅游演艺产品。主要项目包括千年山哈宫、山哈谷、马坑3A级景区、金丘3A级景区、畲族博物馆、民间博物馆等。

（2）提升发展乡村旅游。培育一批省市级全域旅游示范项目，打造4~5个旅游风情小镇，建设一批乡村旅游精品村；积极参与“千峡湖—凤阳山—云和湖”旅游双十板块建设；重点打造一批乡村旅游A级景区，培育一批乡村精品民宿，创建一批乡村“慢生活”旅游示范基地。力争培育创建1个省级以上休闲农业与乡村旅游示范县，1个省级以上休闲农业与乡村旅游示范点，3个历史文化保护利用精品村，13个特色村和80个保护村。主要项目包括东弄度假村、梅山贡生古村、扫口民宿等。

（3）积极发展养生养老旅游。以湖泊、森林、湿地、乡村为依托，建设一批各具特色的养生旅游基地。利用畲医畲药等优质医疗资源，开发建设一批中医药养生旅游基地。根据老年人群的不同消费需求，开发建设一批休闲度假型、农事体验型和康复疗养型老年养生基地。主要项目包括山后天寿养生养老山庄、旦水度假区、包凤雷氏旅游综合体、造纸厂区块养生养老旅游综合体等。

（4）引领发展绿色旅游。到2020年，建成1个森林旅游休闲养生区，森林旅游总收入超过30亿元，森林旅游总人数超过30万人次。旅游区环境达标率保持在99%以上，星级饭店和A级景区的用水用电量降低20%。主要项目包括大仰湖湿地群自然保护区、梧桐开放式原生态景区、空谷幽兰生态旅游综合体、上标—望东垟景区等。

（5）大力发展体育旅游。积极利用景宁漂流资源、山地资源，积极开发步行、骑行、车行、马拉松、户外拓展、漂流冲浪、滑翔飞行、极限挑战等运动休闲旅游产品。主要项目包括东弄度假村、千峡人家汽车旅馆度假区、畲乡绿道、云中大漈景区拓展提升等。

（6）培育发展水利旅游。景宁水利资源丰富，水利景区特色鲜明。可以充分利用这一优势，打造华东最好的水利旅游目的地。主要项目包括畲乡绿廊水利风景区、飞云峡旅游度假区、炉西峡旅游度假区等。

（7）统筹发展智慧旅游。积极创建国家智慧旅游城市、智慧旅游景区、智慧旅游乡村和智慧旅游企业。

（二）主要任务

1. 围绕重点生态功能区，突出旅游主业化

2014年，国家发改委、环保部联合发文，明确景宁列入国家重点

生态功能区建设试点示范名单。按照“三大区域、九类功能区”的实施方案，景宁着力推进国家主体功能区建设，注重“早、实、新”，不断践行“绿水青山就是金山银山”的绿色生态理念，需要探索一条生态资源优势转换为生态产业优势的旅游主业化新路子。

2. 围绕全域旅游，推进项目精准化

景宁旅游资源丰富、独具特色，“十三五”时期，景宁需要继续深化全域旅游的发展理念，借助“民族文化”和“生态养生”两大特色优势，整合区域旅游资源，明确做大核心（创建5A级）、一环多极（大漈、环敕木山、外舍、大均）、两沿四区的发展格局，加强重大项目建设的精准化。首先，在主动作为上精准发力。景宁的优势在文化与生态。要积极践行“绿水青山就是金山银山”的发展理念，为全省乃至全国树立生态地区“生态经济化，经济生态化”的发展标杆。其次，在增强旅游竞争力上精准发力。需要提供景宁旅游的发展层次总体，旅游总产值等核心发展指标要争取进入全省第一发展梯队，培育旅游龙头企业，丰富景宁旅游核心产品有效供给，积极建设与申报国家5A级景区，积极跟进旅游公共配套。最后，在供给侧结构性改革中精准发力。要围绕大众旅游和休闲度假的需求，积极推进特色小镇、旅游风情小镇、“旅游+互联网”，做到同向合力发展。

3. 围绕改革创新，激发旅游新活力

一是深化旅游发展体制机制改革，以创建省级民族风情旅游专项改革试点工作为契机，组建景宁旅游发展委员会（简称“旅委”），不断优化管理机制体制。在特色培育、业态创新、政策扶持、体制创新等方面先行先试，加快旅游新业态新产品培育开发，促进民族经济发展方式的转变，努力把景宁建设成为全国少数民族地区旅游产业发展和经济转型升级的先行地和示范区。二是创新旅游发展模式。充分发挥市场在资源配置中的决定性作用，坚持“政府推动、市场运作”，拓宽融资渠道；整合部门资源，统筹资金，集中力量，加快完善旅游基础配套设施。三是充分发挥国家主体功能区建设试点示范、浙江省小城市试点、畲乡小镇等改革创新的叠加效应，争取国家、省市政策扶持和资金补助效益最大化。四是借助国家全面规范税收等优惠政策之际，积极争取和挖掘民族政策，创新项目开发、人才培养、商品研发等旅游公共服务平台，打造新常态下旅游创新发展政策的“新高地”。

4. 围绕“互联网+”，开拓旅游大市场

根据景宁旅游区位条件及旅游发展现状，以畲族风情旅游为核心，打造“中国畲乡，小县名城”“神奇畲乡，幸福景宁”大品牌，进一步促进景宁旅游产品品牌化、精致化。大力实施“互联网+工程”，把互联网作为推进旅游业转型升级的革命性手段加以重视，以旅游业与互联网的深度融合为重点，推进旅游业创新发展。广泛运用网络营销、新媒体营销等方式，深入旅游大市场。线上推广方面，建设与完善景区免费WIFI全覆盖设施、畲乡景宁旅游公共微信微博平台、APP平台，建立“旅游网站+社交媒体+APP+在线旅游社区”的一体化网络营销体系；注重在线平台的互动体验设计，引入营销方法，如饥饿营销、体验营销、情感营销、砍价营销、事件营销等，并不断优化游客体验；借助线上线下营销渠道的有效整合，全面建立优化网络营销和线下体验相结合的旅游O2O模式，实现与旅游者的良性互动，提高用户黏性和购买转化率。今后旅游市场营销方向主要是巩固本地及浙中、浙南周边市场，扩大上海、浙东、浙北市场，拓展苏南、四省九市经济圈、海西经济圈市场。一是着眼本地及周边市场。依托地缘优势，发展与丽水其他县市，以及金华、温州、台州等地政府、机关团体以及旅行社的旅游交流合作，开通旅游直通车，开展旅游相互促进活动。通过《印象山哈》文化巡游、畲民联谊等形式，实施对周边市场的情感营销。二是立足长三角市场。重点拓展上海、杭州、宁波等重要城市市场，扩大长三角市场在景宁客源结构份额。加大宣传力度，通过报纸、电视、电台、网站、微信等媒体进行广告投放，增加目标市场对景宁的认知度。三是放眼中远距离市场。积极参与四省九市、海西地区的经贸旅游交流推动，推荐景宁旅游精品线路，与周边县市深化区域旅游合作，通过线路共建、市场共拓、客源共享以及品牌共树等旅游网络建设，实现大旅游经济圈。

5. 围绕行业品质，提升旅游大服务

以景宁畲族特色旅游省级服务标准化示范县创建为目标，加强旅游接待设施建设和服务水平提升，完善旅游接待服务体系。加快建设一批具有畲族特色的高中低档酒店、民宿、农家乐、乡村旅馆（畲族文化主题酒店），形成高中低档相互配套，满足游客的不同需求；加快完善旅游服务咨询中心、手机 APP、畲乡虚拟旅游等智慧旅游，进一步推进智慧旅游的公共服务系统、行业监管系统、市场营销系统、政务信息系统、电子商务系统等平台建设。提升旅游智能化服务、数字化管理和旅游电子商务水平，为游客提供全方位、个性化的旅游信息服务；全面推行畲乡特色游标准化实施，严格推行旅游景区、旅游饭店、旅行社诚信等级评定标准，完善诚信旅游评价机制和旅游质量监督体系，开展诚信旅游经营户评定；加快建立旅游执法机构，强化对旅游市场的监管，规范市场秩序；加大旅游从业人员素质提升力度，积极培养旅游管理人才，为旅游营造良好的发展环境。

6. 围绕产业融合，培育旅游大产业

进一步整合县域资源，大力推进畲族风情旅游与畲族文化、农业、林业、工业等相关产业和行业融合发展，着力打造旅游新产品新业态，努力构建独具特色的旅游产业体系，扩大旅游富民效应。一是推进旅游与文化融合。以全国畲族文化发展基地建设为契机，深度挖掘畲族民间传统的婚嫁、祭祖、山歌、舞蹈、饮食、传统体育等最具代表性的民族文化资源，促进文化产业与旅游的有机融合，进一步提升和拓展文化旅游的品位和内涵。对大型畲族歌舞《千年山哈》、畲族歌曲《和凤凰一起飞》、畲族电影《山哈女友》等演艺资源进行整合利用，运用现代高新科学技术，创新节目创意和演出形式，突出畲族特点和文化特色，推出“畲族音乐剧”“畲娘”“凤凰服饰秀”等一批优秀旅游演艺节目。加强非物质文化遗产项目在旅游景区内的普及，建设一批以旅游为主题的文化产业园区。二是推进旅游与农业融合。以“以旅富农、以旅强农”为目标，大力实施旅游富民工程。依托“美丽乡村·魅力畲寨”新农村建设，拓展乡村旅游产品，打造农业观光、休闲采摘、农事体验等旅游产品，加快推动具有畲乡特色的农副产品成为主要的休闲旅游商品。三是推进旅游与工业融合。充分发挥景宁畲乡农产品与畲乡工艺品优势。突出文物、非物质文化遗产资源，开发有畲族文化特色的文化旅游商品，研发一批畲族彩带、畲族银饰、畲族头饰、畲族手工布鞋等传统手工艺品，与现代科技和时代元素融合。培育一批集设计、生产、观光、体验于一体的旅游商品和纪念品加工企业，打造畲族特色商品、民族风情一条街，形成新的经济增长点。四是推进旅游与城乡融合。把城乡建设作为全县最大的景区、最好的旅游产品、最美的旅游目的地来建设，将畲族文化元素融入城乡建设的各个方面，从道路、桥梁、建筑，到园林、雕塑设置以及美丽乡村建设等体现畲族特色。注重村寨建设的文化差异性，以畲族风情为主体，着眼于展示原汁原味的畲族风俗、品尝地地道道畲家菜、体验古朴休闲农家生活，打造一批风情浓郁的“畲风寨、畲家居”，形成一条畲族风情乡村旅游生态环线。

三、空间布局与功能优化

（一）空间布局

“十三五”期间，景宁旅游应遵循“凤凰腾飞”空间发展战略，具体为“一体驱动，两翼齐飞”。“一体”是指以鹤溪街道、红星街道为龙头，以大均、澄照两大外围乡镇为支撑，向南沿 G235 至东坑镇为背脊线，主要由省级畲族风情旅游度假区和大东景生态休闲养生区两大板块组成的凤体，是引领和带动景宁旅游经济发展的主要发动机和增长极。

“两翼”分别指以向西沿县道至英川镇为脊线，包括县域西部各乡镇形成凤之西翼，向东沿庆景青公路至九龙乡为脊线，包括县域东部各乡镇形成凤之东翼。形成包括东翼千峡湖运动休闲区、西翼乡愁文化体验区两大片区的格局，以两翼齐飞带动整个景宁旅游经济的腾飞。

依据旅游产品开发总体思路，结合景宁县资源分布状况及道路网状况，规划景宁县旅游空间布局为“一环多极、两沿四区”。

一环：大均乡—梧桐乡—标溪乡—雁溪乡（大漈乡、家地乡）—景南乡—东坑镇—澄照乡—鹤溪街道—红星街道，涵盖了县域主要的乡村旅游节点，连成一条精品环线。

多极：大漈、敕木山、外舍、大均。

两沿：一是指小溪—千峡湖水域旅游景观及沿湖旅游经济发展带；二是指沿 G235 的旅游经济发展带。

四区：是指环鹤溪畲族文化体验区、大东景生态休闲养生区、东北部千峡湖运动休闲区及西部乡愁文化体验区。

（二）功能优化

1. 环鹤溪畲族文化体验区

该功能区包括中国畲乡之窗、大均漂流、西汇民族风情度假区、封金山、仰天湖湿地等旅游景点，是景宁旅游的人文核心，是景宁旅游业发展的重要区域，也是景宁旅游的核心、主要接待中心、集散中心和休闲中心。

规划要点：首先，充分发挥鹤溪街道的区位优势，建设完善的旅游服务接待、旅游管理设施，作为景宁的旅游服务集散中心与接待中心，发挥其核心、纽带功能。其次，在历史古村落保护的基础上，充分发掘其历史文化内涵，而不是把文化流于表面；要注重各个景点之间的串联和和谐，准确把握竞争与合作的力度，在重点突出民族文化氛围及地方民俗文化特色的同时，避免恶性化竞争。最后，依托县城医疗配套设施的建设，在县城附近文化浓郁的古村落适合发展满足京津冀及长三角养老需求的养老服务业。

2. 大东景生态休闲养生区

该功能区包括云中大漈景区、上标水库、大仰湖湿地、望东垟高山湿地等资源，是景宁的高山旅游区，以山水为旅游核心，也是景宁旅游业发展的次级接待中心、集散中心。

规划要点：本片区是景宁地势较高的旅游区，也是景宁优良旅游单体富集的片区，依托地势和旅游资源优势，可以开发高山避暑度假、高山养生、高山农业观光等项目。东坑镇白鹤村规划新建溧宁高速公路G4012 景宁出入口，适合建设旅游集散中心，作为景宁南部游客的接待中心和中转中心。

3. 东北部千峡湖运动休闲区

该功能区包括千峡湖、九龙山地质公园、炉西峡、郑坑梯田等景点，是景宁地质旅游的集中体现、峡谷和水库资源的代表，做强做大的优势非常明显。

规划要点：千峡湖水面开阔的区域是开展各种水上活动的佳地，规划依托湖面开发一些新兴水上娱乐项目，开展丰富多彩的水上活动，形成水上娱乐中心。炉西峡片区沟壑纵横、地势险要，选择基础陡峭开阔的地方设置攀岩、蹦极等项目，满足旅游者的挑战需求，并开发适用于驴友的高难度专业探险项目，并制定和完善安全保障措施。打造渤海第一渔村的品牌，完善各类基础设施建设，办好“垂钓节”，助力发展大型渔家乐，鼓励发展民俗民宿产业，努力将其打造为千峡湖旅游接待、旅游服务次中心。

4. 西部乡愁文化体验区

该功能区的英川镇是香菇文化的发源地，现存有山地古村落隆川村等，古村落保护较为完整，具有非常好的开发潜力。

规划要点：本片区的旅游资源尚未开发，旅游资源较其他片区相对原生态，古村落也保持着原有的历史肌理；从生态保护、环境保护和文化保护的角度出发，发展生态旅游项目，如古村落观光、生态农业观光、古村落民俗、古村落摄影等。

四、主要抓手与重要项目

（一）主要抓手

一是积极探索国家公园体制创新。浙皖闽赣国家东部国家公园试验区已经列入国家重大区域旅游发展战略，这能够有效构建区域间旅游交通通道，2015 年获批的省级全域化综合改革试验区则是丽水打造千亿级第一战略支柱产业的重要支撑。目前景宁相关景区具有较多的国家公园名称，如国家水利风景区、国家湿地公园、森林公园、地质公园等，应积极进行国家公园管理体制创新，打破条块分割，实现资源共享。积极申报中国民族工艺品之乡，着力打造全国少数民族工艺博览城。努力创建水美乡村，包括大均、大漈、梧桐、渤海、沙湾等条件较好的乡村，做亮“水上世界”“美丽水乡”旅游品牌。努力打造特色小城镇，重点建设畲乡小镇（工艺凤凰古城）、生态小镇、梧桐慢生活小镇、沙湾风情水美古镇等。

二是着力打造八大旅游融合体。依据景宁旅游全域化空间布局，可以依托现有精品旅游资源，重点打造八大旅游融合体，即大均中国畲乡之窗风情旅游融合体、千峡湖—畲乡绿廊水利科教与滨水体验旅游融合体、环敕木山—鹤溪畲族文化体验旅游融合体、外舍水上凤凰工艺博览商务旅游融合体、景南—大漈高山生态养生度假旅游融合体、澄照—东坑文化养生药膳温泉度假旅游融合体、马仙故里文化体验与休闲养生旅游融合体、炉西坑红色旅游与休闲度假旅游融合体。

三是整合发展十二大节庆会展项目。打造景宁“一镇一品”“一月一节”的“群星伴月”的节庆文化体系，即一个小镇一个品牌节庆、每个月有不同主题的主打节庆项目。首先，必须明确核心的拳头节庆项目，即景宁节庆的“月亮”——畲乡三月三。扩大规模和宣传力度，并升级成为全国畲族人的“民歌节”，政府主导，鹤溪街道及畲族风情旅游度假区作为节庆活动的核心区域，重点形成畲乡风情体验、畲乡美食节两个活动内容；后期争取省政府或国家旅游局参与主办，使之成为面向全国的“畲乡博览会”。其次，突出“群星”，打造十二大特色节庆会展项目。依托景宁各乡镇特色节庆资源与文化底蕴，实施承办协办、分工合作的方式，打造“一镇一品、一月一节”的节庆格局。包括：畲乡杜鹃节、马仙故里旅游文化节、爱心梯田情人节、帐篷露营节、民族工艺品博览会/工艺创意设计大赛、宗族祭祖系列文化节（封金山、毛垟、雁溪、鸬鹚）、梧桐凤凰服饰文化节/服装设计大赛、景南忠孝文化节、渤海水文化旅游节、景宁端午养生文化节、周湖美食文化节、外舍大漈陶工艺文化节、惠明茶文化节及乡村春晚系列。

（二）重要项目

在项目安排上，景宁旅游“十三五”期间要贯彻全域化和品牌化战略，突出重点。注重强化一个中心区域—两大支点—四个重点景区。一个中心区域即凤凰古镇—鹤溪镇—环敕木山（千年山哈—十大畲寨），两个支点即大均和大漈两个4A级景区，四个重点景区即景南—鸬鹚—渤海—炉西四大景区。

进一步明确建设重点。配套旅游交通，重点建设环线链接工程、滨水绿道延伸工程以及水上游轮飞艇及码头。大力建设千年山哈宫、工艺博览城、旅游精品环线交通工程、生态小镇及马仙女神殿等。大力发展旅游演艺项目，鹤溪千年山哈、大均畲乡风情及外舍水上凤凰。着力打造周湖、李宝、渤海、炉西等系列项目（详见表1-2、表1-3、表1-4、表1-5）。

表1-2 环鹤溪畲族文化体验区"十三五"建设项目表

规划建设项目	项目级别	项目选址	建设内容	建设性质	建设目标
畲族文化体验小镇	重点建设项目	鹤溪街道	畲族文化体验小镇以鹤溪街道为建设核心，以畲族文化旅游和畲寨活动体验为主要目标和定位，重点打造集成式畲族文化体验小镇，使其成为旅游接待、畲族风情体验、非遗文化展示、文化休闲娱乐等多种功能于一体的畲族风情立体式体验区。打造成为宜居、宜业、宜游的特色文化体验小镇、省级特色小镇。	续建	省级特色小镇
畲乡小镇	重点建设项目	外舍新区	畲乡小镇围绕"旅游服务、文化创意、总部经济、生态农业"等四大产业，按照国家5A级旅游景区标准，建立以旅游业为主导的多产联动发展格局。以外舍新区为核心，打造畲乡产业聚集服务中心，以畲族文化元素为特色，打造畲乡滨水运动休闲景观带，以千峡湖上游为主线，打造休闲养生（养老）区，全力构建"一心一带一湖"空间发展布局，打造成为宜居、宜业、宜游的旅游小镇、文化小镇、绿色小镇，成为全省乃至全国具有知名度和影响力的特色小镇。	续建	省级特色小镇，整合环敕木山、凤凰古城以及大均等创建国家5A级旅游景区

续表

规划建设项目	项目级别	项目选址	建设内容	建设性质	建设目标
畲族风情旅游度假区	重点建设项目	鹤溪街道	依据区内的旅游资源分布状况、人文与生态景观资源的审美性，形成“一心一带四区十寨”的功能布局。	续建	国家级旅游度假区
千年山哈宫	重点建设项目	塔勘村	位于鹤溪街道塔堪村，主要建设内容为龙杖广场、水镜广场等组成的文化传习基地、忠勇广场、凤凰广场和凤凰雕塑，以及周边景观绿化和配套设施等。将畲文化魅力与旅游创新相融合，展现千年山哈魅力畲乡之情。	新建	国家4A级旅游景区
大均畲乡之窗景区提升	一般建设项目	大均乡大均村	深度挖掘大均畲乡之窗景区文化内涵，增加文化体验性、文化娱乐性产品。	续建	国家4A级旅游景区
封金山景区	一般建设项目	封金山	单纯的观光游览已经不能满足游客对深生态游、深文化游的需求，因此规划建设畲族文化综合体验区、畲族民宿区、房车露营基地、汽车露营基地、大峡谷桃源采摘区、峡谷漂流体验区等综合性娱乐性项目，建设成为国家级3A级景区。	续建	国家3A级旅游景区

表 1-3 大东景生态休闲养生区"十三五"建设项目表

规划建设项目名称	项目级别	项目选址	建设内容	建设性质	建设目标
东坑爱情小镇	重点建设项目	东坑镇	最大限度利用现有资源原则，凭借东坑镇马坑村的爱心梯田主体景观，并将爱情文化加以扩展延伸，以浪漫情缘的主题加以串联。建设以爱情为主题的爱心梯田摄影基地、新婚银婚金婚度假基地；以亲情为主题的亲子乐园、老年文化公园。配套建设医疗、教育等公共服务设施。	新建	国家 3A 级旅游景区
云中大漈景区	一般建设项目	大漈乡	建设内容包括时思寺提升、云中大漈高山生态养生度假基地、云中大漈极限拓展与特色艺术基地。	续建	国家 4A 级旅游景区
上标一望东垟景区	一般建设项目	景南乡的上标垟村	主要完成接待设施主体工程建设和景区大门、门票亭及库区部分游步道、亲水设施建设；后期建设一批旅游地产、休闲度假项目。	续建	国家 3A 级旅游景区
飞云峡旅游度假区	一般建设项目	东坑镇	以原生态的景观手法，保持生态区"原汁原味"的天然特性。建设一批原生态体验旅游产品。	续建	国家 3A 级旅游景区
雁溪古风生态休闲度假区	一般建设项目	雁溪乡	开展古风徒步、打拳等为内容的有氧运动，形成康体健身、古风摄影、影视拍摄等主要内容于一体的体验性旅游产品。	新建	——

表1－4 东北部千峡湖运动休闲度假区“十三五”建设项目表

规划建设项目名称	项目级别	项目选址	建设内容	建设性质	建设目标
千峡湖户外运动旅游区	重点建设项目	渤海镇旦水村	将千峡湖户外运动基地建设成为华东极限运动基地和浙江户外运动第一品牌。千峡湖户外运动基地主要包括高难度户外运动基地、峡谷游玩户外运动乐园、皮划艇航模训赛基地。	新建	国家4A级旅游景区
炉西大峡谷旅游区	重点建设项目	郑坑乡	将炉西峡大峡谷建设成为集溯溪、登山、溪降、漂流、徒步于一体的华东徒步探险之地，华东驴友集合地。	新建	国家4A级旅游景区
九龙山地质公园	一般建设项目	九龙乡九龙山	九龙山地质公园的开发首先要加强旅游基础设施的建设，并策划真实的地质体验项目。	续建	省级地质公园
世外杨山旅游区	一般建设项目	红星街道杨山村	成为集古建筑观光、摄影、古村民宿、休闲度假等于一体的世外桃源游览区。	续建	国家3A级旅游景区

表1－5 西部乡愁文化体验区“十三五”建设项目表

规划建设项目名称	项目级别	项目选址	建设内容	建设性质	建设目标
梧桐慢生活小镇	重点建设项目	梧桐乡梧桐村	打造成为集休闲旅游、居住养老、住宿娱乐于一体的“慢生活”养生小镇。	新建	国家3A级旅游景区
英川镇菇文化风情园	一般建设项目	英川镇	建设菌栽培观光园、菇文化体验园、蔬菜文化园、蘑菇通话城堡。	新建	国家3A级旅游景区

续表

规划建设项目名称	项目级别	项目选址	建设内容	建设性质	建设目标
沙湾古村落文化旅游区	一般建设项目	沙湾镇七里村、道化村	对古建筑进行合理的开发利用，以古建筑文化为灵魂，以古村内现有的果园、菜园、古井和民居庭院作为依托，建设沙湾特色的原生态古村落景观，并注入观光、摄影、徒步、民宿等新业态，开发古村落旅游。	新建	——
鸬鹚马仙故里	一般建设项目	鸬鹚乡鸬鹚村	挖掘马仙故里的文化内涵，建设中华孝文化体验园，大力宣扬中华孝文化。	新建	——

五、保障工程与发展对策

中央强调，坚持推进供给侧结构性改革，要在适度扩大总需求的同时，去产能、去库存、去杠杆、降成本、补短板，从生产领域加强优质供给，减少无效供给，扩大有效供给，提高供给结构适应性和灵活性，提高全要素生产率，使供给体系更好适应需求结构变化。“十三五”期间，景宁旅游需要加大供给侧改革，提高资源整合效益。

（一）旅游机制创新工程

结合丽水省级旅游综合改革试点工作，景宁需要增强旅游管理机构的综合协调和综合治理职能，推动旅游管理部门由单一行业管理部门转变为产业促进、资源统筹、发展协调和服务监管部门，实行旅游规划、主体功能区规划、土地规划、城乡规划、产业规划等多规合一。全力推动旅游改革试点工作，切实发挥试点单位示范带动作用。一是旅游管理体制创新，可行的形式包括旅游委员会、旅游投资公司（混合所有制）及乡村旅游合作社和养生庄园等，这些在全国旅游机制创新方面都有较多可行的先例。二是人才机制创新，包括建立旅游专家库与结对帮扶制度、鼓励人才培养模式创新。强化政府层面的旅游科技和创新的投入力度，培育一批具有创新力和影响力的旅游科研机构、新型智库，做好一批新领域、新产品、新项目、新技术的研发应用（如智慧旅游技术革新、行业整合、服务构建等），推进产学研一体化的力度，激发旅游业科技驱动、创新驱动的贡献值和附加值。三是投融资机制创新，包括旅投公司融资、村民自主投资、招商引入资金、社会平台众筹及智力资本投资，安排政府年财政专项扶持资金由3000万元增加到4000万元与社会投资相结合。“十三五”期间，丽水市旅游投资发展有限公司成为浙江省重点扶持的旅游上市企业，景宁要借助该东风，突破投融资瓶颈。四是用地保障机制创新，用足用活政策、大力推进文农旅融合、区域城乡协同。五是区域整合机制创新，利用文化总部（全国联动）、马仙故里（省内外协同联动）、养生胜地（丽水联动）三个平台，实现区域资源整合的创新。

（二）旅游营销创新工程

《浙江省旅游业“十三五”发展规划》要求发挥丽水等区域中心城市的旅游辐射作用，使我省旅游业全面形成以各中心城市为引领的产业格局。景宁作为一个少数民族县，自有资源相对较少，旅游营销应紧密结合丽水旅游大营销，借船出海、发挥优势。首先，会展搭台，旅游唱戏。积极实施《全国畲族文化总部建设规划》等相关规划中的重要会展项目，如全国畲族文化发展论坛、全国少数民族工艺品创意设计大赛和全国少数民族工艺品博览会等，协同实施会展旅游营销。文化总部在“神奇畲乡，幸福景宁”旅游品牌基础上，围绕特色产品，深化品牌营销，不断丰富营销方式和优化营销口号。其次，要按照产品和市场细分，形成系列化的营销口号。比如，“中国畲乡千年山哈，马仙故里风情水乡”“工艺景宁品质民宿，养生庄园美食天堂”等系列化旅游宣传口号。再次，景宁要加大与杭州、宁波、温州、金华四大都市旅游圈的对接合作，着力增强鹤溪、外舍中心城区的旅游功能，加快培育以生态休闲、文化康体养生为特色的都市旅游经济，积极探索文化体验旅游业、生态旅游业带动山区科学发展的路子。最后，创新旅游网络营销，积极引入“政府 + 企业 + 互联网”合作营销模式。国内首个目的地旅游主管机构与携程共同合作开发的“携程微店杭州馆”正式上线，开创了“政府搭台、企业创新、个人创业”旅游目的地营销新模式，景宁需要在“互联网 + 时代”勇于尝试民族风情旅游的网络创新之路。

（三）旅游服务提升工程

“十二五”期间景宁旅游总体规模在快速提升，但旅游品质质量还不够高，特别是服务体系、管理体系等方面的建设还有很大的提升空间。以往发展理念偏重量的扩张，更多关注的是景点、交通及宾馆酒店等硬件的建设。景宁旅游“十三五”期间要将旅游服务软件的提升，与整个公共服务体系相结合，谋求全面突破。第一，要从要素配置向服务体系构建转变，做好旅游产业链系统构建。实施创新驱动，景宁应率先制定《中国畲乡养生美食旅游服务标准》《中国畲乡文化产业旅游融合发展指南》和《中国畲乡特色文化体验旅游服务指南》等，因地制宜全面提升景宁旅游服务品质。第二，从粗放服务向精细服务、品质服务转变，做好个性服务与标准化服务的结合。积极推进旅游服务质量标准化，谋求从“贯彻标准”到“创建标准”的跨越，实现从“试点”到“示范”的华丽转身。第三，要从粗放服务向专业服务转变，针对旅游生产性服务和消费性服务的薄弱环节，如旅游加工制造、旅游商品设计生产、旅游体验设计等，要以丽水省级全域化旅游示范区和省级旅游综合改革实验区为重要平台，以核心景区提档升级为重点，突出民族文化游、养生游和乡村旅游三大发展载体，加快推进旅游的转型升级。

（四）智慧旅游系统工程

智慧旅游是“互联网 + 时代”的必然要求，景宁旅游必须集智慧服务、营销、管理为一体，通过三网融合方式实现面向未来的智慧旅游新形态，全面解决传统景区存在的问题。帮助景区实现通过景区窗口、移动电商、微信售票、电商网站、自动售票机等多途径购票，又实现会员营销、移动营销、微信营销、景区智能导览、景区三维实景、分享朋友圈、推荐商圈等多种互动营销方式及完善的员工管理、代理管理、景点管理、财务统计、大数据分析等管理功能。首先，景宁应以省市级特色旅游小镇培育（畲族文化体验小镇、畲乡小镇、生态小镇、爱情小镇）为突破口和示范点，应用区域智慧旅游商城系统，积极探索网络定制与在线交易。这四个小镇作为省市级特色旅游小镇，硬件基础比较雄厚，旅游资源禀赋较好，发展智慧旅游能够起到相互促进的作用。其次，应将智慧旅游的重点突出为三大核心目标，即为来景宁的自助游游客提供更便捷、智能化的旅游体验；为政府管理提供更高效、智能化的信息平台；促进旅游资源活化为旅游产品、放大资源效益。最后，积极引入现代科技的力量，采用一种低成本、高效率的联合服务模式，用网络把涉及旅游的各个要素联系起来，把为游客提供智慧化的旅游服务落到实处。到2020年，全县3A级以上景区和省级以上旅游度假区实现免费WIFI、智能导游、电子讲解、在线预订、信息推送等功能全覆盖，4A级以上景区和省级以上旅游度假区具备电子票验证、刷卡支付和移动支付功能，达到国家智慧旅游景区标准。

（五）环线旅游交通工程

1. 对外交通规划。基于大交通格局的改善，加快温武铁路规划建设，让游客可方便快捷地到达景宁，促进景宁旅游发展建设。溧宁高速公路G4012、G322、G235的续建，进一步提升其运输质量，积极、主动对接温州机场、丽水机场、长深高速、沈海高速、温州火车站、丽水火车站等已建成及规划建设项目。

2. 旅游区内部交通规划。在完成景宁“十二五”交通规划的“一高二纵一横一连四通道”交通体系的基础上，景宁还必须加强旅游景点之间的交通条件，打造环线精品旅游，以联网公路及水运建设促进景宁旅游内部交通网络的完善。积极打造美丽乡村公路，实现由村村通向路路好的转变，助推乡村旅游提升发展。加强支线旅游交通和通景道路建设，不断提升通景公路品质，推动城市公交服务网络延伸到周边主要景区和乡村旅游点，解决“最后一公里”问题。到2020年，确保通往5A级景区、国家级旅游度假区的道路达到一级公路标准，通往4A级景区、省级旅游度假区、特色小镇的道路达到二级公路标准，通往3A级景区、乡村旅游精品村的道路达到等级公路标准。

近期建设草鱼塘至大漈至梧桐公路工程，中期建设渤海至G235公路工程、东塘至石门洞公路改建工程及大漈至景南公路工程，远期建设标溪至雁溪至东坑公路改建工程。其中G235作为景宁的风情大道，规划打造一条具有畲族风情的风情大道；将九龙至英川的县道，规划打造为一条联系景宁各景区的滨水风景大道。

积极拓展自驾游服务。景宁到庆元线路，景宁有大均、梧桐、标溪、沙湾、道化、新庄、代根洋、库下、底洋、毛洋、秋炉等特色村落或古村落。一般杭州、宁波、金华、丽水来的客人可以从景宁下高速，走大均进来到毛洋再到张村最后到贤良，这是一条非常原生态的自驾线路，最后回去的时候再从庆元上高速，这样不走回头路，可以体验村落、溪边路、山路弯弯的生态景致。在此基础上，逐步建设七大露营基地，见表1－6。

表1－6　露营地选址表

露营地	位置	类型	周边资源
炉西峡露营地	炉西峡景区	纯帐篷营地	炉西峡、郑坑梯田
沙湾露营地	七里村	自驾车营地	沙湾古村落文化旅游区、七里古村、道化古村

续表

露营地	位置	类型	周边资源
敕木山露营地	草鱼塘、惠明寺村	混合类	环敕木山“畲族民宿”体验基地、草鱼塘森林氧吧养老基地、草鱼塘蒲洋湖度假中心、外舍休闲康体养生基地、惠明寺禅意空间养生基地、周湖畲族生活综合体验区
大漈露营地	云中大漈景区	纯帐篷营地	云中大漈
望东垟露营地	望东垟湿地	纯帐篷营地	望东垟高山湿地
千峡湖露营地	千峡湖	混合类	千峡湖户外运动旅游区
马坑露营地	马坑村	自驾车营地	马坑梯田景观

3. 畲乡绿道系统规划

规划4条自行车风景道，形成“一横一纵两环”的空间结构；确定4条步行风景道，形成“三环一线”的空间结构。梧桐乡到高演乡，梧桐乡到角耳湾乡，梧桐乡到李庄乡，3条通村道路护栏和观景台工程。3条道路都是一直爬坡十几公里，作为山地自行车赛道，可以组织不同形式的自行车山地赛。

4. 水上码头。千峡湖及上游河段，根据需要规划建设一整套旅游客运码头，配置游艇和游轮。

5. 漂流项目。进一步发掘利用小溪等河段的水资源，积极拓展水上漂流项目，比如，金兰坑漂流、秋兰口到兰头芋漂流等。

（六）旅游线路精品打造工程

《丽水市旅游业发展“十三五”规划》把景宁畲族风情旅游度假区列为丽水市重点打造的十大旅游精品之一，景宁应以创建中国畲乡5A级景区为中心，围绕全国生态旅游示范县、中国养生旅游示范区、全国生态文明示范县以及全域化旅游发展示范县等系列品牌目标，以打造精品旅游线路为着力点，分层次积极培育景宁地域型、文化型、服务型、产业型系列游线品牌，逐步形成中国畲族旅游目的地的集聚、辐射和竞争优势。

1. 常规旅游线路

环线：大均乡—梧桐乡—标溪乡—雁溪乡（大漈乡、家地乡）—景南乡—东坑镇—澄照乡—鹤溪街道—红星街道，涵盖了县域主要的乡村旅游节点。

西线 A：鹤溪街道—大均乡—梧桐乡—沙湾镇—鸬鹚乡—英川镇。

西线 B：鹤溪街道—大均乡—梧桐乡—沙湾镇—毛垟乡—秋炉乡。

南线 A：红星街道—鹤溪街道—大均乡—梧桐乡—沙湾镇—标溪乡（大地乡）—雁溪乡（家地乡）—景南乡。

南线 B：东坑镇（白鹤）—大漈乡—雁溪乡—景南乡—东坑镇。

东线：九龙乡—渤海镇—郑坑乡—红星街道—鹤溪街道—澄照乡—东坑镇—梅岐乡。

2. 专题旅游线路

畲族原生态文化体验线路：炉西峡大峡谷旅游区—千峡湖户外运动旅游区—世外杨山旅游区—畲乡小镇—畲族文化体验小镇—畲族风情旅游度假区—飞云峡旅游度假区—东坑爱情小镇。

高山休闲体验线路：云中大漈景区—东坑爱情小镇—飞云峡旅游度假区—封金山景区—雁溪古风生态休闲度假区—上标—望东垟景区。

千峡湖户外运动线路：世外杨山旅游区—千峡湖户外运动旅游区—炉西峡大峡谷旅游区—九龙山地质公园。

西部乡愁体验线路：大均畲乡之窗景区—梧桐慢生活小镇—沙湾古村落文化旅游区—鸬鹚马仙故里—英川镇菇文化风情园。

舌尖上的景宁线路：红星街道（石锅石斑鱼）—鹤溪街道（闷狗肉、豆腐娘、憨驴菜、惠明寺禅茶）—大均（畲族药膳）—梧桐（山溪烧烤）—鸬鹚（田鱼锅仔、泥鳅田螺锅）—英川（酒糟英川田螺、英川小吃）。

（七）畲族文化旅游体验工程

1. 以千年山哈宫系列活动为核心，打造畲族精神展示平台

首先，加快山哈宫项目建设，形成必要的旅游硬件场所和氛围环境；其次，与全国其他畲族聚居区合作共建，形成具有民族特色的畲族文化表演项目，不仅要获得畲族同胞的认同和参与，更重要的是获得全国游客的认同与欣赏。

2. 以“中国畲乡三月三”活动为核心，构建畲族文化节庆平台

进一步做强做响“中国畲乡三月三”活动，结合中国畲族山歌节、中国畲族服饰大赛等活动，扩大提升“中国畲乡三月三”活动在海内外的影响力，使之成为景宁畲族文化旅游展示的核心平台。

3. 以活态博物馆为核心，完善畲族文化体验旅游表达平台

积极学习美国、新西兰等国外原住民博物馆先进经验，进一步完善和强化中国畲族博物馆各类功能，加大畲族文化收集力度，提升整体层次、内涵、历史底蕴，建设成动态参与式的现代全景式博物馆。积极争取上级有关部门支持，加大现代科技手段运用力度，加快畲族文化资源数字化和数据库建设进程，努力使中国畲族博物馆成为全国功能最全、设施最先进的畲族文化展示场所，并逐步建成县级“非遗展示总馆”。推进环敕木山畲族风情省级旅游度假区核心村寨“一寨一品”工程建设，使度假区 10 个村落成为十大活态畲族“博物馆”，构成畲族文化总部独具特色的“1 + 10”民族文化体验博物馆群。

（八）工艺博览旅游体验工程

1. 以“中国少数民族工艺品博览城”为核心，打造畲族旅游商品购买平台。依托地处东部发达地区和与世界小商品中心——义乌国际商贸城毗邻的区位优势，延伸拓展省级畲族文化创意产业园功能，积极打造“中国少数民族工艺品博览城”，构建畲族旅游商品购买平台。

2. 学习借鉴工业旅游经验，大力发展民族工艺文化旅游。一方面，以畲族烧陶艺、畲族服装、银饰、彩带企业或作坊等为重点，学习借鉴

其他工业旅游经验，让参加工业游的游客不仅看得见，而且摸得着，了解整个产品的生产过程，在旅游之中增长知识。在此基础上，开发畲族传统民族工艺，积极发展本土竹、木、石、草、布类创意工艺，结合旅游产业，以实用化、艺术化、时尚化为方向，不断提升创意能力。另一方面，积极引进全国少数民族工艺产品制作，形成民族工艺品生产规模集聚，形成工艺品产业旅游区。

3. 引进全国畲族工艺美术大师或传承人，实现非遗文化展示。非遗文化目前已成为各地旅游的特色项目，景宁旅游要充分利用这一优势，依托畲族文化创意园、民族经济开发区、澄照农民创意产业园等载体，推进相关非遗展示，形成景宁特色民族非遗旅游展示。

（九）旅游人才支撑保障工程

旅游人才紧缺的问题，一直是景宁旅游发展的重要瓶颈，严重制约着景宁旅游的腾飞，必须引起高度重视。“十三五”期间，景宁要围绕目标任务切实做好旅游人才保障，需要落实财政专项经费，大力实施旅游“引智工程”、构建旅游培训体系、积极推进协同创新、继续办好高端平台等，推进景宁旅游人才的全面发展。

一是实施旅游“引智工程”。依托景宁现有的决策咨询委员会和畲族文化研究院等平台，积极柔性引进高层次旅游人才，整合当地旅游专家，组建景宁旅游智库。为政府决策、行业企业提供顶层设计等智力支撑。

二是构建旅游培训体系。采取“走出去”“请进来”等方式加快行业管理与服务水平的提升。积极开展“专家授课”“现场考察”“学术研讨”“网络培训”“技能比武”等灵活多样的培训与比赛形式，形成务实有效的全方位、多层次、多渠道旅游人才培训体系，保障旅游人才数量规模、质量和层次的需要。

三是积极推进协同创新。强化与旅游院校和科研院所的产学研合作与协同创新。继续办好景宁旅游职业学校旅游相关专业，打造省部级品牌。要结合规划建设项目，积极探索订单培养模式，特别是针对药膳养生美食旅游、特色文化体验旅游和水上活动体验旅游等，需要先期开展系统化的专项培训。继续发挥好高端平台的人才培育功能。继续办好“中国畲族文化发展论坛”“中国畲乡三月三”“中国畲乡旅游创新论坛”及旅游相关会展赛事等重要平台，不断扩大旅游国际交流与合作，提升景宁旅游人才的整体竞争力。

四是优化政策扶持。进一步完善当地优秀旅游人才的激励政策。着力培养一批具有影响力的旅游管理、经营和服务等三支人才队伍。为进一步发挥好榜样的带动和示范作用，要注重对景宁杰出旅游人才的激励，根据贡献程度每年给予表彰与奖励。

第二章

生态文明旅游区及其系统优化

第一节　大力推进国家东部生态文明旅游区

一、浙皖闽赣国家东部生态文明旅游区意义重大

浙皖闽赣四省自古以来山水相依、地缘相近、人缘相亲，裙带联系紧密。创建浙皖闽赣国家东部生态文明旅游区，是贯彻习近平总书记“绿水青山就是金山银山”理论，落实国家战略的重大举措。

国家东部生态文明旅游区涉及浙皖闽赣四省 19 个市 123 个区县，面积约 23.3 万平方公里，总人口 4280.7 万人。设立国家东部生态文明旅游区是构建国家旅游发展大格局的重大举措。根据四省编制的创建总体方案，国家东部生态文明旅游区将以生态保护为核心，以绿色发展为路径，以“旅游 +”生态产业为引导，通过理论创新、制度创新、科技创新、文化创新、管理创新，以旅游产业统筹引领生态文明建设，建成综合改革试验区和山海融合生态旅游示范区，实现省际区域在生态资源保护、生态旅游开发、旅游精准富民、社区活力复兴等领域协同发展。

总体发展布局：“一圈三片五组十线。”“一圈”：指由杭新景、千

黄等高速公路围合的区域，是示范区的生态保护核心区。"三片"：指以"天柱山—九华山—黄山—淳安"为核心的北片，以"上饶—衢州"为核心的中片，以"武夷山—泰宁—丽水"为核心的南片。"五组"：指在浙皖、浙闽、浙赣、皖赣和闽赣5条边界上，重点谋划打造五大跨省界组团。一是浙皖边界"黄山—千岛湖组团"，建设世界一流的山水生态旅游区。二是皖赣边界"古徽州文化生态旅游圈组团"，建设国际徽派乡村旅游目的地。三是浙赣边界"三清山—江郎山组团"，建设以道教文化与山地运动为特色的休闲旅游区。四是闽赣边界"武夷山—泰宁—龙虎山组团"，建设我国第一个国家公园，成为科普旅游、研学旅游发展示范区。五是浙闽边界"太姥山—白水洋·鸳鸯溪—千峡湖组团"，建设成为我国东部规模最大的生态养生度假集群。"十线"是10条黄金旅游线，是生态文明旅游区的主要旅游产品。

二、港口铁路交通网对国家东部生态文明旅游区建设至关重要

纵观人类历史，交通运输作为区位影响因素始终与区域经济空间结构紧密相连，成为区域经济发展和空间扩展的主要力量之一。陆大道院士提出的"点—轴系统"理论认为，生产力地域组织的开发模式是"点—轴渐进式扩散"，指在一定区域范围内，首先选择具有良好发展条件及前景的以交通干线为主的线状基础设施来作为一定区域的主要发展轴线，重点优先开发该轴线及沿线地带内若干高等级优区位点或点域（城市及城市区域等）及周围地区。随着该发展轴及其附近发展轴经济中心实力不断增强，辐射及吸引范围不断扩展，干线会逐渐扩展自己的支线，支线又形成次级轴线和发展中心进一步扩展，促进次级区域或点域的发展，最终形成由不同等级的发展轴及其发展中心组成的具有一定层次结构的"点—轴系统"，从而带动整个区域发展。

我国的大连港、连云港、上海港和宁波港，都是因为港路网络系统

配套比较完善，才有效地带动了广大腹地区域的经济社会发展。特别是连云港因为陇海线的配套，其意义特别重大。

三、港路不配套，造成海港优势被屏蔽及综合效益得不到发挥

我们认为，理想港口—铁路网络模式应该是一港多路的放射状交通网，港口腹地广阔，带动作用就很大。如果是“一路多港”模式，则同一路上的港口效应将“优势被屏蔽”。当前四省合建的国家东部生态文明旅游区的港口—铁路网络系统，恰恰存在这样的突出问题。

一是浙江沿海的海港铁路不配套，辐射效应难以发挥，特别是台州港和温州港，目前只有沿海大通道，缺乏足够的纵向铁路和广阔腹地。浙江沿海系列港口只有一条沿海铁路串联，海港“优势被屏蔽”问题非常突出，台州和温州的一系列港口功能潜力得不到有效发挥。

二是国家东部生态文明旅游区的重要节点城市到浙江沿海的连通性严重受限（因为只有一条浙赣线）。赣州、南平及梧州等城市的大宗物质则需要绕道鹰潭、上饶、金华铁路才能运送至沿海。沿海游客要深入东部生态文明旅游区腹地也必须绕行，这就严重影响了区域经济和旅游业的大发展。

四、增建两条铁路线意义重大、刻不容缓

针对上述问题，我们提出建议：“十三五”期间，宜尽快增建两条高速铁路：一是台（州）丽（水）赣（州）高铁；二是温（州）南（屏）高铁。增建这两条铁路的意义和作用主要体现在以下几个方面：

一是贯通山海协作，有效破解南平和赣州等地及其沿线地区的出海口问题，既有效提高了这些地区的经济外向度，更方便了游客的出入。

二是助推实现国家东部生态旅游区的发展战略目标：到2020年，年接待游客8亿人次，人均停留天数达到3天以上，旅游总收入达8000

亿元，旅游业增加值占 GDP 比重达 10% 以上，农村居民人均可支配收入达 1.8 万元，城市化率达 60%。助推国家东部生态文明旅游区的建设，早日实现世界生态文明旅游区。

三是这两条高铁线路，不仅使浙江台州和温州港口因为港路网络系统完善，辐射带动功能得到充分发挥，进一步推动山海协作，而且更重要的是使得国家东部生态文明旅游区内部铁路网络得到有效贯通，促进区域协同创新的整体效率最大化。

第二节 开创生态旅游新局面，谱写生态文明新篇章

生态旅游，是推进生态文明的重要载体、建设美丽中国的重要抓手、打造经济升级版的主阵地。大力发展生态旅游是促进浙江省发展方式转型、构建两型社会和推进新型城市化的重大战略举措。结合国务院关于加快健康服务业发展的意见和十八届三中全会全面深化改革的有关精神，重新审视浙江省生态旅游业发展的实际状况，我们不难发现我省生态旅游业当前存在的几个突出问题，主要表现在：第一，缺失生态旅游创新驱动机制；第二，缺乏国际化品牌目标导向；第三，缺少国际化旅游服务品质；第四，缺失特色文化安全保障等，这些问题严重制约了浙江省生态旅游发展和生态文明建设。浙江省宜从以下四个方面，努力开创生态旅游新局面，谱写生态文明新篇章。

一、创新观念，全面推进浙江生态旅游全域化发展

切实抓好国家旅游综合改革试点及省旅游综合改革试点工作，全面构建浙江生态旅游业创新驱动机制。

需要全面确立科学发展的资源资本观、生态文明观、文化发展观、生态美学观和旅游安全观。强化资源资本观，注重发掘区域的自然生态、产业生态和人文生态资源的旅游价值。积极推进资源资本化，既要重视土地生态等资源的资本化，也要重视技术生态资源的资本化。强化生态文明观，以构建社区利益共享机制为抓手，合理规范利益相关者关系，促进城乡生态旅游和谐发展。强化文化发展观，以灿烂文化主题驱动区域特色发展，为生态休闲养生旅游铸魂。强化生态美学观，废旧厂房和旧民房富含乡土文化和自然生态资源，可以通过实施“三改一撤”“四边三化”等措施打造生态美景观，推进生态旅游和美丽城镇的融合发展。

生态旅游发展需要美丽城镇作为支撑点。我们认为美丽城镇应该符合“五美融合”，即山水生态明秀美、特色文化灿烂美、产业发展活力美、人居生活和乐美及空间格局精致美等。通过生态旅游产业的特色发展，强化生态旅游驱动力，大力推进新型城镇化，强化生态旅游城镇辐射功能，全面推进美丽浙江和美丽中国建设。大力发展生态循环农业、绿色制造业、生态服务业及生态旅游、休闲养生等产业，着力构建、延伸与提升生态旅游产业链，加强区域整合与优势激活、强化产业融合与产品复合、优化功能配套提升服务品质，全面推进生态旅游全域化。

二、目标导向，实施生态旅游品牌国际化战略

浙江省提升核心竞争力，实施文化“走出去”战略，需要我们不断强化中华民族自信心，大力推进本土旅游品牌的国际化。国务院已经明确提出要“加快发展健康服务业”。养生旅游是生态旅游与休闲旅游的创新与发展。

从世界范围来看，由风景名胜观光旅游向生态休闲养生旅游转变已经成为发展趋势。中国拥有底蕴深厚的养生文化和高度发达的养生产

业，发展养生旅游的优势得天独厚。在养生旅游创新探索实践方面，各地具有很高的积极性和主动性。武义县确立“打造中国温泉名城、构建东方养生胜地”战略目标，还成功地打造了“国际养生旅游高峰论坛”“国际养生产业博览会”品牌会展。丽水市明确战略目标，全力打造“秀山丽水、养生福地”，大力发展生态养生产业。大力发展生态休闲养生旅游，可以有效促进中国旅游特色发展，提升中国国际旅游形象，提高国际竞争力和辐射力。

因此，浙江省宜率先“将养生旅游纳入战略性新兴产业”，依托中国旅游未来研究会，创造条件创建“养生旅游国际标准”，积极打造“中国国际生态休闲养生旅游试验区”，探索生态休闲养生旅游新模式，打造国际生态旅游示范工程，创造条件发布“养生旅游指数”，全面提升我国生态休闲养生旅游的国际辐射力和竞争力。

三、品质服务，推进生态休闲养生智慧旅游示范工程

创新生态旅游、推进生态文明，需要智慧旅游重大平台的有效支撑。创建“国家智慧旅游示范区”，积极构建全省乃至长三角的智慧旅游网络高端平台，实现资源共享、品牌共创；依托杭州“美丽城市示范工程”，大力整合全国生态文明建设成果，创建“中国生态文明建设成果博览园”，集聚优势打造高端生态休闲养生旅游产品，推进浙江省生态旅游产业链转型升级和文化体验经济模式创新。积极鼓励全省各地搭建生态休闲养生旅游创新研发的高端平台（协同创新中心），集聚国内外专家智慧资源，推动旅游创意和技术创新，积极培育新业态；同时，要充分利用大专院校和社会行业培训教育教学资源，加快智慧旅游和国际化生态休闲养生旅游专业人才培养，强化智力支撑。依托温州、宁波国家智慧旅游试点城市和温州、舟山等27家智慧旅游试点单位的基础，结合养生武义智慧旅游的典型经验，坚持创新驱动实施旅游物联网整合发展，大力发展智能化服务平台、积极推进现代化旅游管理、努

力提升人性化服务质量和个性化旅游产品，全面提升生态休闲养生旅游品质服务水平，推进生态休闲养生旅游科学发展。

四、安全保障，加强对外国人的度假旅游管理刻不容缓

国际生态休闲养生旅游目的地的建设与发展，可以促进乡风民俗与西方文化的有机融合。

自然生态、民居风貌和乡土文化，具有巨大的美学价值和市场价值。我国乡村的特色生活方式也已经成为重要的旅游资源和产品。境外少数人的高消费生态休闲养生旅游，也可以带来高效益。浙江杭州安缦法云、德清裸心谷“洋家乐”等项目的成功开发，彻底颠覆了传统高星级酒店的“高档次”概念。我们已经看到，高层次和高消费的境外旅游者，可以使偏僻山村更加生态、更加文明。

同时，我们也必须注意到，国际游客在景区滞留时间的明显延长，对我们的国际旅游管理提出了严峻挑战，特别是对乡村文化安全所带来的严重威胁。为此，我们必须予以充分重视、未雨绸缪，尽早采取切实有效的政策措施，强化文化安全防范意识，健全生态休闲养生旅游的文化传承功能；强化社会文化安全防范意识，健全生态休闲养生旅游目的地的社区管理功能；强化政治、政权与阵地意识，提升生态休闲养生旅游的文化教育功能。

第三节　拓展产业生态旅游，推进区域生态文明

20 世纪 80 年代生态旅游概念一经提出，就得到世界各国的日益重视。目前，生态旅游已经成为营销热点，在不少国家和地区还被认为是区域可持续发展的重要途径。然而，国际生态旅游协会（1993）提出的生态旅游概念是具有保护自然环境和维系当地居民双重责任的

旅游活动，特别强调生态旅游地的生物多样性和生态环境的原生性。从本质上看，国际上比较公认的生态旅游发展的四大原则，一是生态环境优美，二是生物多样性丰富，三是开展生态教育，四是当地居民受益。

我们并不反对西方发达国家在具有优越生态本底的条件下开展的以生物多样性为生态旅游资源的纯粹自然的生态旅游，但我们坚持认为这样的生态旅游并不适合我国国情。因为自1999年国家旅游局开展的“生态旅游年”活动以来，这种生态旅游就使得我国的自然保护区和森林公园由于保护措施不到位而遭受严重破坏，“生态旅游破坏生态”问题产生的原因是中国是一个拥有9亿农民的发展中国家（大多数旅游者的兴趣、行为及其管控难以达到要求），而同时自然生态原生性比较欠缺和脆弱，经不起误导和折腾。2009年国家旅游局再次以“生态旅游年”为主题，有效地推进了我国生态旅游本土化创新。

旅游产业发展的现实要求是生态旅游必须逐步大众化，必须实现产业化。在发展区域生态旅游产业的过程中，我们必须贯彻遵循自然规律的科学发展、经济规律的共享发展和社会规律的和谐发展，因地制宜与时俱进地创新与发展生态旅游理论。

一、生态旅游理念需要密切联系国情不断创新

我们赞同学术界流行的观点：生态旅游是时代发展的需要，其根本宗旨是促进旅游业可持续发展。西方发达国家的生态旅游发展与传入中国，无疑对我们创新生态旅游理论与开展生态旅游实践具有重要的意义。值得注意的是，中国生态旅游理论探索并不落后，早在20世纪80年代，我国生态学家韩也良教授就在《旅游论丛》刊物上撰文明确提出“创建旅游生态学，开展旅游生态研究”的建议和构想，并于20世纪90年代初期开展国家自然科学基金项目“黄山旅游地学研究”（实质性内容就是旅游生态研究）工作。之后，我国学者进行了大量的、

多层次和比较全面的旅游生态学和生态旅游研究，并开展了大量的生态旅游规划工作。1999 年 5 月 18 日《中国旅游报》发表了笔者以《生态旅游方式阐论》为题的具有一定代表性的理论文章。近年来，韩也良、张跃西等人先后多次提出创新生态旅游概念、旅游生态工程以及生态旅游学理论体系建设的构想。

因此，我国关于旅游生态学和生态旅游方面的研究与国外生态旅游研究基本上是同期进行的。一直以来，比较突出的问题是中国本土的生态旅游观念和国外的生态旅游观念存在着显著的、针锋相对的区别。国外的生态旅游是将生态旅游与大众旅游相对立，强调生态旅游是少数人参与的特殊的旅游形式，内容局限在生物多样性丰富和原生性生态环境的地区。而中国生态旅游学者认为，生态旅游不应该与大众旅游对立，认为生态旅游是旅游系统的生态化，强调生态旅游是旅游方式、旅游产业和旅游事业。

生态旅游要实现本土化创新。自然生态旅游不应该是生态旅游的全部内容。将生态旅游局限于自然的观念与做法正是我国一些旅游地开展生态旅游陷入（要么难以大众化，要么生态旅游破坏生态）进退维谷境地的根本原因。要解决这个两难选择的问题，我们必须与时俱进，拓展生态旅游内涵。我们认为，生态旅游是以生态旅游资源（如生态景观、生态环境、生态文化、生态科技、生态产业和生态产品等）为内容，以生态文明为基础，以生态经济管理为手段，寓生态教育于旅游过程，通过旅游的综合服务，实现可持续发展的旅游方式、旅游产业和旅游事业。生态旅游在类型上应该包括自然生态旅游、产业生态旅游、城市生态旅游、社区生态旅游及文化生态旅游等内容。

二、拓展生态旅游内涵，强化生态文明载体

生态旅游是生态文明的重要载体和传播手段。生态旅游既是一种旅游产品，也是一种旅游方式。生态旅游产品，强调符合市场需求的生态

旅游线路和旅游者获得配套生态旅游服务的经历。因此，生态旅游不仅体现在一个旅游点上，也体现在综合性的旅游线路上。生态旅游方式，强调旅游系统六大要素生态化。具体内容是旅游者在旅游过程中，要求吃绿色（生态）食品、住绿色饭店、乘无污染的交通工具（如电瓶车、天然气汽车）、游览具有生态意义的景观、购买生态产品和开展有益于身心健康和环境建设的娱乐活动。旅游系统生态化主要体现在生态旅游资源、生态旅游市场和生态旅游产品三个方面。生态旅游资源的概念是值得积极探索与实践的课题。我们认为一切具有生态意义的旅游资源都是生态旅游资源。这就明确了生态旅游资源首先应该是旅游资源，其次还必须具有生态意义。就其内容而言，它当然包括自然生态旅游资源、产业生态旅游资源、文化生态旅游资源和环境生态旅游资源及城市与社区生态旅游资源等。生态旅游市场，就是指生态旅游消费者群体。随着可持续发展观念的不断增强，人们对生态文明、生态产业、生态技术和生态产品的兴趣日益浓厚。我们有理由相信，基于生态文明建设的生态旅游市场前景十分广阔。生态旅游容量是为了对旅游地实施生态保护而提出的生态旅游学概念，这里特别强调最佳旅游容量。提倡通过旅游系统限制因子的调控，配套实施景区生态工程和智慧旅游远程定制化服务，尽可能避免“空载”和“超载”问题，实现旅游系统生态化和结构功能优化，实现旅游综合效益最大化。生态旅游资源不只是自然生态旅游资源，还应该包括人文生态旅游资源和产业生态旅游资源。自然生态旅游面临着生态旅游产业化与生态环境保护的两难选择。从实践方面来看，在原生性生物多样性丰富的地区开展生态旅游，可能出现两种结果：要么感兴趣的人少，这样的生态旅游难以大众化和产业化；要么感兴趣的人多，大众化必然导致原生生态的严重破坏。这两种结果都不是我们发展生态旅游的初衷。我们认为，生态旅游不应该与大众旅游对立，认为生态旅游是旅游系统的生态化，内容包括自然生态旅游、文化生态旅游、产业生态旅游及社区生态旅游；通过开展生态旅游，可以促进生态知识的普及、生态技术的传播、生态产业的发展、生态产品的生产与销售，乃至整个区域的可持续发展；认为生态旅游是实现生态产业、生态科技、生态工程及生态产品等旅游价值的重要途径和方式；是建设生态省和生态市的战略性和支柱性产业，也是推进生态文明建设与传播的重要载体。因此，我们强调生态旅游是旅游方式、旅游产业和旅游事业。

我们要全面深刻把握生态文明的科学内涵，同时遵循社会、经济、自然三大规律。生态文明是人类遵循人、自然、社会和谐发展这一客观规律而取得的物质与精神成果的总和；生态文明是以人与自然、人与人、人与社会和谐共生、良性循环、全面发展、持续繁荣为基本宗旨的社会形态。坚持转变发展方式，统筹协调绿色崛起，促进科学发展、民族团结与社会和谐，意味着我们要像当年废弃“以阶级斗争为纲”那样，尽快废弃“以经济建设为中心”的国策。为了适应新形势下党中央国务院关于不过度追求速度和规模、要更加重视经济发展质量和效益、促进社会公平和正义、建设生态友好型社会的执政理念和方针，花大力气推动县域生态文明建设模式创新，势在必行。

目前，我国已经建设和形成的有关产业生态旅游典型案例已经在国内外产生了积极影响。比如，都江堰工程生态旅游，都江堰水利工程巧妙运用中国生态学思想，创造了人类历史上水利生态工程典范，确保了成都平原旱涝保收，使之成为闻名天下的“天府之国”。都江堰也成为著名的生态旅游胜地。浙江安吉竹产业循环经济模式和苏州工业园的产业生态旅游，体现了循环经济理念，实现了工业废弃物回收利用的生态工业模式，在实现生态产业发展的同时，也形成了具备旅游吸引力的工业生态旅游资源。雅安“专家大院”生态管理模式旅游集中体现了“三个转变”（人力资源转变为人力资本、土地资源转变为土地资本、民间资金转变为民间资本），是我国西部地区实现机制与体制创新的重要成果，也是正在形成的重要的生态旅游资源。武义有机国药循环经济模式（见图2－1）及浙江临安太湖源景区和金华兰花村农业生态旅游，体现当地农民“三参与”（参与旅游开发、参与旅游管理、参与旅游服务），举办民俗节庆，发展民俗文化体验旅游，有效实现了精准扶贫，促进了农村发展、农业增收和农民致富。

图2－1　武义县寿仙谷生态有机农业循环产业链系统示意图

三、实施旅游生态工程，推进生态旅游示范区

旅游生态工程，运用生态学和系统工程方法，从区域旅游系统诸要素入手，从旅游系统生态化的高度进行旅游系统的结构与功能的优化，使之实现最佳的综合效益，促进区域生态环境和经济社会协调发展。实施旅游生态工程，就是按照旅游系统生态化的新理念，发掘利用产业生态、城市社区生态、文化生态、环境生态和自然生态等生态旅游资源，丰富生态旅游产品（线路），不断扩大与加强旅游与区域生态经济文化的关联度，增加生态技术与生态理念的交流强度，最大限度地发挥生态旅游对区域生态经济发展与生态文化建设的促进作用。实施旅游生态工

程，发展生态旅游产业，对传播先进生态科技文化、倡导绿色生态消费、促进生态产业与循环经济发展，具有重要意义。

生态旅游工程是推进生态文明、创建生态省和山水城市的必不可少的生态工程。借鉴国外生态旅游发展的经验，开展生态旅游认证工作是大势所趋。它有利于我国建立政府正确引导、生态科技指导、生态企业主导及区域典型示范的生态旅游发展工作程序，将生态旅游标准尽快落实，对提升生态旅游企业的竞争能力，以及快速健康发展生态旅游产业等都具有极其重要的实际意义。基于中国生态旅游学的基本观点，我们认为，开展生态旅游认证工作也必须走中国特色之路。我们提倡借鉴国外先进经验，但反对套用外国的标准。中国生态旅游标准的制定，必须切合中国国情，必须全面贯彻科学发展观，必须有利于区域可持续发展。我们认为，生态旅游认证应该坚持 10 条原则：①坚持融合发展和多规合一，体现旅游系统生态化的生态旅游发展规划；②按照旅游融合发展和旅居一体化要求，提供旅游系统相配套的生态旅游综合服务；③具备旅游生态管理和生态文明切实有效的规章制度；④具备体现生态文化科技知识的生态旅游解说系统；⑤具备生态旅游相应的人才培训系统；⑥负责任的生态旅游促销方案；⑦实现当地居民参与旅游管理、参与旅游开发与参与旅游服务；⑧旅游发展切实促进区域生态建设与社会发展；⑨促进生态科技普及、推广与交流，促进区域生态产业发展和产业链延伸；⑩促进当地生态文化及优秀文化的传承与发展。

我们认为，国家生态旅游示范区应该具备以下几个条件：①相关生态旅游资源、产品与市场的空间集聚，达到一定的规模效益和省际竞争能力；②生态旅游对区域生态产业、生态文明和生态科技等促进作用显著；③生态旅游开发与经营管理模式具有先进性、典型性和可借鉴性。上述指标可以采取定性与定量相结合的方法，不断完善。

四、武义县生态旅游与生态文明建设的重要启示

郡县治，天下安。县级政权是我国重要的基层政权，县域复合生态系统是完整的生态地理结构单元。县域生态文明建设是全国生态文明极具重要意义的基础工程，值得深入研究。武义模式是新常态下的生态文明建设的一个成功案例，也是一个欠发达县域生态文明建设实现跨越发展的成功探索，对全国乃至国际类似地区生态文明建设具有重要借鉴意义。武义县，从十多年前的一个经济欠发达县，一跃成为全国“百强县”。2015 年，中国社会科学院财经战略研究院在京发布《中国县域经济发展报告（2015）》，武义县入选最具竞争力百强县和最具发展潜力百强县。武义县 34 万人口规模，2014 年近 200 亿元地区生产总值、600 多亿元工业产值、近 30 亿元财政收入、300 多亿元存款、100 多亿元投资，这样的经济结构效益，在全中国应该是不多的。近年来，武义县充分发掘生态、温泉、人文等资源禀赋，实施生态景区全域化，构建养生旅游高地，推进生态经济大发展，生态文明建设走在全国前列，经济社会实现科学发展、赶超发展。武义先后获得“全国生态旅游示范县”“全国生态文明示范县”等荣誉称号。

政治改革与政策。创新发展生态文明制度和社会主义民主制度“后陈经验”，实施“四单一评”机制，是生态文明建设的有效保障。贯彻“大部制”，成立“领导小组”，强化跨部门协同创新对生态文明建设至关重要。要实施最严格的资源环境和水资源保护，加快实施红线和绿线管理制度和生态补偿制度。

经济转型与升级。以“打造中国温泉名城，构建东方养生胜地”为战略目标，着力打造牛头山国家森林公园和大红岩国家级风景名胜区，大力推进科技创新与转化，构建基于文化体验的养生产业技术体系。贯彻科技强县战略，成立系列研究院，打造“有机国药基地”“有机茶之乡”“养生温泉城”等系列品牌；创造“有机国药生态工程”一

系列循环经济模式，大力推进生态科技，依靠科技创新全面推进包括生态工业、有机农业、生态旅游、养生旅游等在内的循环经济、服务经济和体验经济。

文化建设与发展。大力发展生态文化，推进普及生态科技，积极探索文化发展的新业态、新产品、新体验与新模式。健全核心价值体系、法制生态文化、保护乡村风水林。大力发展乡村春晚，积极创建非物质文化遗产活化机制，实现（送、种、办、创）文化功能平台的整合与提升。

社会和谐与进步。要充分保障和坚决维护群众的利益，为当地居民争取更多的发展机会。绝不为了发展经济借“招商引资”低廉出让宝贵资源的短期行为。严禁“法外开恩”搞特殊化“一事一议”。积极探索与实施国家公园体制。推进开发区与行政区合并，桐琴镇和温泉小镇的“政区合一”治理经验值得总结与推广。建立健全激励机制，推动文化旅游产业融合发展，依托“温泉小镇”打造旅游融合体。加强生态文明村、长寿村、特色生态旅游镇的建设进程，推动区域新型城镇化。

生态保护与利用。武义县坚持主体生态功能区布局，实现“北部机声隆隆、中部车水马龙、南部郁郁葱葱”的生态化空间格局。花大力气维护生命共同体，绝不能因为经济发展而破坏生态环境，也不能因为要保护生态环境而限制人的发展。坚持以人为本、统筹协调、科学发展，切实编制并贯彻实施《主体功能区规划》与《绿色产业发展规划》，全面推动绿色崛起。大力营造与发展生态文化，全面推进生态文明。要按照建设生态文明和新《环境保护法》相关文件精神，创新宣传口号：保护生态是责任，建设生态是义务，破坏生态是犯罪。抓好生态是本职，不抓生态是失职，抓不好生态是不称职。

结语

开展产业生态旅游是贯彻党的十八大精神，创建生态省和建设山水城市、推进生态文明、建设美丽中国的需要。旅游产业发展的现实要求是生态旅游必须逐步大众化，必须与生态工业和生态农业等产业密切结合，拓展内涵实现产业化。在发展区域生态旅游产业的过程中，我们必须贯彻科学发展观，其关键是人的全面发展，目标是实现自然社会和经济的协调发展，根本体现在农村经济社会发展，农民增收，生态环境保护的高度统一。因此，要求我们必须因地制宜、与时俱进，创新与发展生态旅游理论。产业生态旅游是实现生态旅游产业化的必由之路，对实现区域可持续发展具有重要的战略意义。这样的生态旅游，有利于旅游目的地和旅游客源地区的共同发展。对于旅游目的地地区而言，实现了生态产业、生态科技和生态文明建设成果的旅游价值，获得了社会经济效益，促进了旅游地的可持续发展；对于客源地区来说，游客通过旅游学习将这些先进的生态产业、生态技术和生态管理模式带回来，便于加强区际交流与合作，促进客源地生态技术的推广与普及、生态产业乃至整个区域的可持续发展和生态文明建设。发展产业生态旅游的对策建议如下：一是建议国家旅游局设立“产业生态旅游年”；二是开展产业生态旅游的系统化科学研究，为产业生态旅游发展提供科技支撑；三是建设产业生态旅游认证制度，实施试点示范工程；四是组织编写产业生态旅游系列教材，加快生态旅游专业人才培养。

参考文献

[1] 张跃西．生态旅游方式阐论［N］．中国旅游报，1999－05－18.

[2] ZHANG Yuexi. On the Basic Theory of Tourism ecosystem［A］. The 8th Annual Conference Asia Pacific Tourism Association Tourism Development in the Asia Pacific Region：Worldwide Views and Multidimensional

Perspectives. The Hong kong Polytechnic University ISSN 962 - 367 - 357 - 4 August 19 ~ 23, 2002.

[3] 张跃西. 生态旅游理论创新与中国生态旅游示范区标准问题探讨 [J]. 生态经济, 2007 (11): 143 - 146.

[4] 张跃西. 产业生态旅游理论及养生旅游开发模式探讨 [J]. 青岛酒店管理学院学报, 2009, 1 (1): 6 - 9.

第三章

生态文明与精准扶贫机制创新

第一节　从“输血”扶贫到“造血”发展

提到扶贫，我们更多地是习惯于捐钱捐物，这或许是多年来扶贫工作效果不理想的原因之一。殊不知，引导贫困地区，特别是林区的人们依托自身的资源优势脱贫，也是扶贫的一种方式，这种方式也更为持久。

林区有着良好的生态环境和生物多样性资源，这既是开展森林旅游的最佳优势，也是实现精准扶贫不可缺失的重要载体。这些资源不仅为广大游客提供了以生态教育为核心内容的生态旅游新产品和新体验，还让当地群众在生态旅游新兴产业中实现就业增收，过上小康生活。

我们知道，森林生态良好的地区大多集中在重要的河流源头地区，是整个流域的生态屏障。这些区域的森林生态系统的生态服务功能十分重要，生态保护与建设的任务也更为艰巨。由于历史基础和交通区位等多方面原因，这类地区大多比较贫困，属于典型的欠发达地区，需要政府和社会力量开展扶贫，才能实现同步小康。

近年来，各级党委政府都高度重视扶贫工作，也取得了一些成效。但是按照新常态和全面建设小康社会的要求，笔者以为，扶贫工作还存在四个方面的突出问题。

森林生态功能和服务价值没有得到充分体现，生态补偿机制尚未健全与完善。上游源头地区，有责任和义务为下游保一江清水，但同时下游地区也有责任和义务为上游地区提供有效的生态补偿。目前，我国生态补偿方面已经开展了一些探索，如生态公益林的资金补助、浙江金华磐安的异地开发补偿、义乌东阳的水资源补偿等，都取得了一定成效。但是总体而言，生态补偿制度还不完善，如水库水电生态补偿方面尚未实现根本性突破；在生态系统服务价值和“碳交易”方面，目前也尚未得到普遍推广。

森林生态旅游体制机制问题，与共享发展不相适应。在我国，一些森林生态旅游区在管理与运营方面存在社区与景区割裂的状况，有悖于共享发展。特别是一些涉及（招商引资）经营权转让的景区，当地群众与生态旅游发展的共享机制几乎缺失。

“输血式”的物资扶贫，没有转化成“造血”发展能力。扶贫工作，也需要实施供给侧改革。说到扶贫，我们很少考虑围绕“造血”能力的教育培训、产业技术和管理运营模式的精准供给。这或许也是多年来一直困扰我们扶贫工作的重要原因。

森林生态旅游由于产业技术基础和专业人才欠缺，使得优质资源的低档次重复开发情况非常严重。大多数景区仍然停留在观光旅游层面，未能有效激活与带动当地相关产业，致使生态旅游产业附加值和收益率还较低。因此，创新生态旅游产业技术，推进森林生态旅游转型升级，刻不容缓。

问题摆在面前，如何解决成为关键所在。

笔者以为，按照“精准扶贫”和“创新、协调、开放、绿色、共享”的发展理念，实施精准扶贫工程，并努力做好以下四点，森林生态旅游将大有作为。

1. 推进科学精准扶贫，坚持制度创新先行。贯彻新常态和新理念，要切实健全与完善生态文明制度。生态文明是人类社会最高层次的文明，注重遵循自然规律的科学发展、遵循经济规律的持续发展和遵循社会规律的共享发展。党的十八大明确提出，要把生态文明建设放在突出地位，融入政治、经济、文化和社会建设各方面和全过程，努力建设美丽中国，实现中华民族永续发展。要按照新常态、新理念和生态文明要求，健全和完善包括生态补偿制度、碳汇制度在内的一整套生态文明制度，这是森林生态旅游发展的需要，也是精准扶贫实现全面小康社会的需要。

2. 创新体制机制优势，强化精准扶贫保障。要从体制机制的视角，切实破解森林生态良好的地区长期处于贫困的基本现状和根本原因，精准扶贫要做到有的放矢。创新体制和机制，是实现森林生态旅游的共享发展、精准扶贫的重要保障。可以借鉴浙江临安太湖源“景区和社区”共享发展，以及磐安“养生小镇”融合发展的成功经验，深化改革开放，创新体制机制优势，积极探索与深化国家公园体制和混合所有制，大力推进多赢发展与共享发展。

3. 实施供给侧改革，强化“造血”功能。精准扶贫，增强贫困地区发展能力是关键。进一步明确“政府引导、农民主体、社会参与、市场运作”的指导思想，切实优化扶贫供给。着力推进资金技术政策服务等扶持项目的协调化和系统化，特别要注重智力扶贫和科技扶贫，不断强化“造血”功能，要大力培育一批当地的农民企业家和致富带头人。招商引资，要与招商引智紧密结合，要注重以培养当地企业家和市场主体为重点，切实保障好当地群众的现实和长远利益，提升精准扶贫的实效性。可借鉴浙江武义积极拓展森林生态养生旅游和国药养生旅游“温泉养生小镇”的成功经验，因地制宜创造不同形式的“企业＋合作社＋基地＋农户”共享发展模式，切实让当地广大群众得到更多实惠、共享发展成果。

4. 创新发展模式，促进产业升级。推进森林生态旅游的转型升级，增强农村产业盈利能力是必须破解的难题。战略决定命运、创新决定发展、细节决定成败。当前的森林生态旅游，绝不能满足于观光旅游和农家乐层次，必须要拓展创新，大力发展新业态、新产品、新体验和新模式，追求高附加值和高效益。着力延伸旅游产业链，积极拓展森林生态旅游新产品，比如，森林养生产业、创意农林业等。借鉴浙江景宁经验，构建中国畲乡系列旅游融合体，促进文化产业旅游的融合发展；借鉴浙江武义养生旅游经验，因地制宜拓展智慧旅游远程定制化服务和在线交易。已经开启的中国森林旅游节“武汉 · 中国森林生态旅游论坛”，要成为森林生态旅游精准扶贫模式创新的重要展示平台，发挥好其推进作用。

第二节　异地开发生态补偿“金磐经验”探讨①

生态环境是一种可耗竭资源，当破坏和污染达到一定程度时是很难再恢复的。因此，要获得可持续发展，就必须建立起一种生态补偿机制，即从经济增长的成果中提出相对应的部分来补偿或挽救那些已遭受不同程度破坏的资源和生态环境。这种补偿既有对历史生态欠账的补偿，同时也有地区间的补偿。建立生态补偿机制，关键在于建立绿色GDP核算制度，即把生态环境污染和破坏造成的损失（包括对未来发展所产生的影响）作为成本计入经济增长的统计中，目前世界上很多国家正在朝这方面努力。据国家统计局发布的消息称，我国已经开始实行新的国民经济核算体系的试点工作，将逐步推广。

---

① 基金项目：浙江省哲学社会科学规划课题。本文得到钟章成教授和陈丽能教授指导和帮助，特此致谢！发表于《浙江学刊》2005年第4期，第233～225页。

一、"源头现象"与有效生态补偿

从地图上，我们注意到一个与贫困有关的"源头现象"。除了一些海岛之外，在大陆上，一般情况下只要是大江大河的源头地区就是突出的贫困地区；反过来说，突出的贫困地区基本上都集中在源头地区。"源头现象"的基本特征：交通区位劣势，经济特别贫困，社会文化落后；生态优势明显以及旅游资源丰富等。交通区位技术人才等劣势因素导致后发展地区的持续贫困。缺乏资金技术人才，甚至连解决修路经费都非常困难。

扶贫是一项迫切的政治任务。各级政府为贫困地区采取了积极措施，其中包括制定财政转移支付政策，积极扶持贫困地区发展经济，努力使贫困地区尽快脱贫致富。十多年来的实践证明，仅仅给钱（财政转移支付）是不能解决"源头现象"贫困问题的。只有生态资源、人居环境等优势因素得到有效发挥，才能够彻底改变源头地区的面貌。

进行有效生态补偿十分必要。源头地区的贫困问题，不仅严重影响到城乡一体化进程和农村奔小康，而且涉及源头地区发展道路和生产方式，直接影响源头和上游地区生态环境保护和整个流域的生态安全问题。因此，对源头和上游地区进行生态补偿是十分必要的。财政转移支付并不是解决生态补偿问题的最好方式，仅仅给钱补偿的方法是不可持续的。源头地区和上下游地区都要发展！

要做到有效生态补偿，必须做好统一观念理念和保障措施到位这两个方面的工作。为保证生态补偿的有效性必须用机制政策和发展机会，必须健全制度。

二、异地开发生态补偿"金磐模式"经验与启示

磐安县地处浙江中部，素有"群山之祖，诸水之源"之称，但经济发展滞后，一度是浙江省有名的"贫困县"。由于地处偏僻，在经济

发展与环境保护的矛盾面前，金华市和磐安县不以牺牲环境为代价，通过市县联手，异地开发，在中心城市金华市工业园区设立一块“飞地”——金磐扶贫开发区，实现了环境保护与经济社会的协调发展。

金磐扶贫开发区设立后，异地扶贫“造血”不仅促使磐安迅速摘掉“贫困县”的帽子，还使该县创下国家级自然保护区等多张“国字号”金名片，走上了农业综合开发和发展生态旅游的全面、协调、可持续发展道路。

这个占地660亩园区，1994年批准设立后，凭借地利优势，吸引了资质良好的130家企业入园，企业快速发展带来的利税加快了磐安的脱贫步伐，为磐安和金华市区分别解决了1000多名劳动力就业，还使“环境与发展”矛盾得到了有效化解。在为金华市创造多项税收的同时，2003年该园区实现税收5200万元，占磐安全县税收近1/4。正是有了开发区财力与劳动力安置能力的依托，磐安自1998年以来，杜绝审批有污染的工业企业150多家，同时对水体有一定污染的37家效益不错的企业全部关停。如今，从环境指标看，近年来，磐安森林覆盖率一直保持在75%以上，境内空气质量常年保持在国家一级标准，更难得的是所有出境地表水均达到一类至二类水质标准，极大地保护了中下游地区的生态环境质量。（李根荣、张跃西、杨云良，2004）

从补偿形式看，金磐开发区模式是生态补偿机制的创新。据了解，这种通过异地扶贫的生态补偿机制为国内首创。致公党中央副主席杜宜瑾归纳了“生态补偿机制”六个方面内容，应该说金磐开发区模式是生态补偿机制的又一创新，是给生态保护区群众的一个异地发展空间，帮助生态保护区群众建立替代产业，从而实现保护区的社会经济发展和生态环境保护双赢。

从实施情况看，金磐开发区模式是一种切实可行的生态补偿机制。当初全省设立了四家扶贫开发区，现在无论从生态效益还是经济社会效益来看，金磐开发区模式都是一种较为成功的扶贫兼补偿的方式。成功的关键在于将生态补偿的理论和政策落到实处。

从取得成效看，金磐开发区模式对生态补偿的力度最大。2003 年金磐开发区的工业销售产值、出口创汇、税收均占磐安县的 1/4；纳税大户占全县的 2/5；高新技术企业占全县的 3/4；吸纳磐安籍职工达 1000 余人。县内生态环境得到很大改善，全县森林覆盖率达到 80%，基本实现了“保浙江中部一方净土，送下游人民一江清水”的目标。

在异地扶贫催化下，传统的“输血型”财政转移支付生态补偿机制被“造血型”生态补偿机制替代，磐安县接连创下了国家级卫生县城、国家级自然保护区、国家级生态示范区。磐安的旅游业也因此得到快速发展，“浙中承德”的美誉度在京沪等地越来越大。农业综合开发成效显著，初步形成了香菇、中药材、茶叶、杂交稻制种、高山蔬菜和经济林等六大支柱产业，并逐步走上了农业产业化的发展道路。还先后被评为“中国香菇之乡”“中国有机茶之乡”和“中国药材之乡”。

金磐扶贫开发已经有十年历史了。“十年磨一剑”，异地开发“造血”生态补偿新机制显示出旺盛的生命力。金磐开发区二期工程又开辟 1 平方公里，这预示着“造血”生态补偿新机制将发扬光大。从 1994 年开始实践扶贫开发生态补偿“金磐模式”，我们可以得到以下几点启示：

（1）统一认识，生态补偿可以实现“双赢”：保证下游地区的水质；对园区入住城市而言，付出土地成本等相关投入，实现了就地招商引资；园区帮助入住城市建设了一块城区；解决园区入住城市部分就业岗位；可以帮助入住城市增加多项税收；最重要的是给源头和上游地区提供了发展机会，使得源头和上游地区生态环境得到有效保护，确保了下游地区的生态安全。只有统一认识，才能得到社会各界的广泛支持，在生态补偿方面有所作为。

（2）具体操作方面，保证生态保护与生态补偿成效，金磐开发区建设发展坚持“三融入”与“三为主”两条原则。“三融入”，是指园区建设融入金华城市建设，主动与金华城市发展配套协调；园区产业融入区域生态产业发展战略；园区企业融入 WTO 和国际化大循环。“三为主”，是指园区以工业为主，以外向型企业为主，以高新技术为主。据了解，金磐开发区在引进企业方面还规定了不吸引金华当地企业、不吸引磐安企业、不吸引污染性企业等“三不引”原则，有效地避免与当地园区竞争以及对环境质量的影响。因此异地开发“造血”只有在具体操作层面也形成一整套行之有效的方法，才能够取得实际成效。

（3）创造“无烟工业区”，效益可观。高新技术产业在园区的比重逐年提高，金磐扶贫开发区成为浙江省闻名的“无烟工业区”。2003 年该园区实现税收 5200 万元，占磐安全县税收近 1/4。

三、健全与完善生态补偿制度对策与建议

在我们进入一个重要发展阶段和全面建设小康社会的时候，提出科学发展观具有特别重要的意义。以人为本，全面、协调、可持续发展是解决我国经济社会诸多矛盾的基本原则，对实现全面建设小康社会具有决定意义。只有通过科学发展才是真正使广大人民群众受益的基本保障。生态资源的区域外部效应、公共产品性质和生态资本观是生态补偿机制的三大理论基石（沈满洪等，2004）。而生态补偿的途径和方式多样化是生态补偿制度的基础和保障（尚群等，2002）。

笔者认为，实行区域生态补偿必须遵守以下几个原则：

（1）流域上下游责权利均衡原则

坚持全面协调可持续发展，对一个流域而言，就必须使上下游之间责权利实现均衡。城市发展增加了政府财政收入，就必须同时考虑减免乡村（特别是上游地区）的税收。

表 3－1　流域上下游责任权利和义务

流　域	责　任	权　利	义　务
上游地区	保证一方净土提供一江清水。	经济社会发展，人民奔小康。	为下游提供一江清水。
下游地区	带动流域全面发展、经济社会文化科学技术进步。	获得清洁的水源，经济社会发展，人民奔小康。	为上游提供发展机会和经济技术支持。

（2）生态资源供需价值平衡（等价交换）原则

生态补偿的等价交换原则包括范围、方式和程度三个方面的内容：

范围（空间、时间）对称。要求在时间和空间范围内，凡是获得生态效益的单位、企业和个人，都应该支付一定数额的经费；凡是提供生态效益的单位、企业或个人都应该得到一定数额的经济补偿。

方式（内容、机制）有效。要求研究什么样的生态补偿方式才有效，是财政转移支付“输血”，还是异地开发“造血”？无论是财政转移支付还是异地开发都必须有机制和制度保障。

程度（质量、数量）平衡。要求供给的生态补偿在质量和数量程度上都要与需求的生态价值相平衡。

（3）环境立法必须坚持公平、公开和公正原则

就全省行政区域范围内而言，环境保护应该有一个本底值，这个本底值在不同地区是平等的。按照行政分界定标，全天候全方位监测，建立奖惩制度。以水为例，全省范围内可以确定一个统一的本底标准，要求上游地区提供给下游地区的水质水量必须达标。对污染指数超标地区进行收费，对保证生态环境质量达标的地区进行适度的经济补偿，这样既可以促进生态环境建设，还可以有效解决环境建设的经费问题。

生态公益林建设必须进行补偿。如何补偿？最有效的方法就是按照每亩生态公益林的生态产值（生态效益），由受益者出资进行经济补

偿。补偿程度要达到生态公益林经营者具有的比较经济效益。只有这样，才能够从市场机制和管理层面上有效地促进生态公益林的建设和发展，避免乱砍滥伐与“年年植树，就是山上无林”的怪现象。

四、讨论与建议

（1）水资源使用权交易及水资源的有偿使用问题（集水区、库区）

随着城市发展，城区用水越来越紧张，水资源也越来越珍贵。不少城市不得不向异地购买饮用水。比如，金华义乌市就向东阳市买水（2亿元/年），这里就存在水权交易问题。买卖的水是取之于水库的，这个水库坐落在东阳市境内，因此，义乌市向东阳市买水将费用支付给东阳市。然而该水库的主要集水区所在磐安县却得不到任何经济利益。试想如果磐安县将山上的树木都砍伐了，东阳水库就不可能有水；如果磐安发展工业污染严重，东阳水库就只能是污水。因此，按照上述生态补偿原则，笔者认为，水权交易应该按照集水区（而不是按照库区）来计算和支付费用，这样才比较合理、才能持续发展。

（2）清洁空气有偿使用问题

像清理生活垃圾需要支付费用一样，城市居民使用清洁空气同样也应该支付费用。只有这样，城市植被绿化区、城市森林公园和自然保护区才能够得到人力、财力和物力的保障，逐步走向良性循环的轨道。

（3）增长不等于发展

不顾生态环境保护、盲目追求 GDP 带来的可怕后果已经导致了资源枯竭。斯德哥尔摩环境研究所与联合国开发计划署共同编写的《2002 年中国人类发展报告》指出，环境问题使中国损失 GDP 的 3.5% ~8.0% 。如果这个报告比较准确的话，那我们经济增长所牺牲的生态成本是惊人的。为了校正传统 GDP 缺陷，世界银行在 1997 年推出了“绿色 GDP 国民经济核算体系”，用以衡量各国扣除了自然资产（包括环境）损失之后的真实国民财富。

随着环境问题日益突出，人们开始认识到“有增长不一定有发展”。党的十六大提出了全面建设小康社会的目标，其中一项重要的经济指标是国内生产总值到2020年力争比2000年翻两番。“绿色GDP”的深刻蕴含，也就是要正确处理好“增长”与“发展”的关系。关键在于要建立一套综合指标考核体系：既要考核经济指标，也要考核环境指标、资源指标、健康指标等；既要考核经济增长数量，也要考核经济增长质量；既要考核当代人拥有的财富，也要考核给子孙后代发展的机会和潜力。

参考文献

[1] 李根荣，张跃西，杨云良. 异地扶贫开发：金磐开发区首创生态补偿机制 [J]. 金华：金华晚报，2004-2-24.

[2] 尚群，吴晓青，等. 途径和方式多样化是生态补偿的基础和保障 [J]. 武汉：武汉环境保护. 16 (1)：9-11.

[3] 沈满洪，杨天. 生态补偿机制的三大理论基石 [J]. http：//www.cenews.com.cn/news/，2004-3-2.

第三节　“绿色长征”腊子口试验区发展战略思考

“长征是宣言书，长征是宣传队，长征是播种机。”红军正是因为成功突破了腊子口天险，才有了“更喜岷山千里雪，三军过后尽开颜”的大好局面。腊子口战役是军事上以弱胜强，出奇制胜的著名战役，也是红军长征进入甘肃境内最关键的一仗。长征腊子口，是一个特别值得重视的历史文化资源，具有无比重大的现实意义和开发价值。

（一）

日益严重的生态危机正在考验着世界各国政府的环境管理能力，也在考验着全人类的智慧。建设生态文明，拯救人类社会，已成为我们义不容辞的历史责任。党的十七大提出了“落实科学发展观”“建设生态文明”“构建和谐社会”的战略决策，为我们指明了前进的方向。2009年8月，中国生态学会在腊子口主办“生态文明论坛”发布《绿色长征宣言》正式启动“绿色长征”，具有极其重要而特殊的象征意义。它既意味着“绿色长征”的艰巨性、复杂性和长期性，又昭示着“绿色长征”必将从胜利走向胜利——“绿色长征”必将完成伟大的历史使命。“绿色长征”与“红色长征”的一脉相承，是“红色长征”的延续和发展。“红色长征”的转折点和决胜地腊子口，如今又成为“绿色长征”的策源地，这是一种历史的巧合和必然选择，也是绿色时代文明发展的强烈呼唤，其根本宗旨就是弘扬长征精神，推进生态文明。“绿色长征”承载着我们中国人为生态文明奋斗的决心、勇气、信念和理想。

创建“绿色长征腊子口试验区”具有极其重大的现实意义和深远的历史意义，这是当前学习实践科学发展观，弘扬文化主旋律的需要，也是贯彻国家产业战略发展文化旅游的需要。“绿色长征腊子口试验区”范围拟为“迭部电尕镇—俄界会议遗址—旺藏茨日那—腊子口—朱力沟”，涵盖白龙江和腊子河的生态保护和开发利用。“绿色长征腊子口试验区”的目标定位是国家生态文明示范区和“绿色长征”策源地。

建设“绿色长征腊子口试验区”，需要创新发展体制机制与保障体系，需要包括规划设计及管理运营等在内的系统策划与科学规划。在文化机制方面，要千方百计地调动甘南迭部干部群众的积极性和创造性，加快生态文化建设，做好区域特色文化（包括长征文化、汉藏融合文化等在内）的传承发展与创新，并科学设计这些文化成果的展示与表达方式，促进文化旅游产业的繁荣与发展。在决策机制方面，要成立迭部县政府咨询委员会和生态文明建设领导小组，编制《绿色长征行动纲要》和《生态文明建设规划》，强化科学决策、民主管理和目标责任制考核。在体制机制方面，拟成立“绿色长征腊子口试验区管理委员会”和“腊子口旅游集团股份公司”，发挥好政府主导与市场主体作用。整合利用社会教学资源积极创办“旅游专业”。要积极实施“引进来、走出去、留得住，用得起与可持续”的人才保障制度，成立咨询委员会构建弹性专家库。积极探索“旺藏专家大院”和谐发展模式，合理协调利益相关者，切实让当地人民群众得到更多实惠。积极创建“腊子口大学”和“长征大讲坛”。

（二）

探索生态文明新型模式，提升农牧民生活质量是“绿色长征腊子口试验区”建设的根本任务。“绿色长征腊子口试验区”的主题口号“弘扬长征精神，推进生态文明”；主题形象“电尕大观园①九色甘南，温泉香巴拉②九龙旺藏；神圣腊子口绿色长征，旺藏红太阳生态文明”，突出“三大融合③，九色甘南④；长征圣地，生态文明”。“绿色长征腊子口试验区”的主要旅游产品有：

1. 红色长征与绿色长征，祈福中华民族的融合与复兴。运用生态旅游方式开展绿色长征，“紧跟毛主席，走上长征路”“弘扬长征精神，

---

① “电尕大观园”，指在城关镇电尕利用白龙江滨河地带建设水利风景区，打造九色甘南文化大观园。

② “温泉香巴拉”，指具有藏文化特色的温泉天堂。

③ “三大融合”，指汉藏文化融合、黄河与长江流域融合以及黄土高原与青藏高原地貌融合。

④ “九色甘南”，指一年四季五彩缤纷的甘南藏族自治州。

推进生态文明”。尽快创作4D技术电影《长征腊子口》，集中反映具有特色文化和绿色长征内涵的中华民族的优秀人格。

2. 大力发展民俗文化旅游，举办民俗文化艺术节和国际摄影节，并积极开展“旺藏红太阳”大型实景旅游表演。

3. 大力发展休闲农业和水利风景区等产业旅游，将特色农牧产业集中布局在白龙江和长征沿线，结合旅游业布局进行有效展示。

4. 大力发展数字旅游。创办“绿色长征”官方门户网站，提供远程数字旅游服务。

5. 依托旺藏温泉香巴拉，发掘利用养生产业和养生文化资源，大力发展养生旅游。

6. 积极创建国际会议中心，打造“中国生态文明腊子口论坛”品牌，建设“万里长征腊子口纪念馆”和群英雕像。

“绿色长征”的营销策略包括整体营销、绿色营销、会展营销、品牌营销和网络营销等。整体营销，笔者特别强调区域旅游整合，将“电尕大观园九色甘南，温泉香巴拉九龙旺藏；神圣腊子口绿色长征，旺藏红太阳生态文明”统一协调发展打造核心竞争力。绿色营销，强调生态产业、有机农业和循环经济，注重生态旅游与养生旅游。会展营销，强调举办“中国生态文明腊子口论坛”和“中国生态文明成果博览会”。品牌营销，强调“绿色长征策源地”国际顶级品牌的培育与打造。网络营销，就是利用网络技术和网络资源进行市场拓展和信息服务。还可以采用“旅游消费券”等有效促销形式，比如，“你还我一袋垃圾，我送你一张门票”。

（三）

“绿色长征腊子口试验区”要成为全国生态文明建设和产业转型升级科学发展的新典范。

“绿色长征腊子口试验区”的建设与发展具有政治、文化、社会、环境和经济等综合效益。在政治方面，有利于增强党的执政能力建设和密切党与群众的血肉联系，有利于丰富革命传统教育内容，填补“红色长征”与“红色旅游”的一项空白；在文化方面，有利于深化藏汉回多民族的文化交融，有利于发展先进型文化旅游产业；在社会方面，有利于促进甘南和西藏民族地区的稳定发展和繁荣进步，有利于民族地区和谐社会的建设和发展；在环境方面，通过“绿色长征”有利于深化生态意识促进生态保护，有利于通过先进技术的推广普及应用促进资源利用效率的提高；在经济方面，有利于实现产业转型升级和科学发展，实现生态产业发展低碳经济繁荣，还将创新区域旅游发展新型模式——腊子口模式，加快实现区域旅游产业集群化、区域旅游一体化、旅游服务信息化和旅游产品多元化，切实将腊子口试验区旅游发展成为区域战略性支柱产业和人民群众更加满意的现代服务业。

“绿色长征腊子口试验区”要成为全国“绿色长征”发源地。这就需要我们积极创造条件创建“全国绿色长征研究中心”，强化科技支撑，增强服务辐射能力，尽快编制《全国绿色长征行动纲要》指导全国生态文明建设。举办“中国生态文明成果博览会”，及时有效展示与交流全国生态文明建设成就。并使每年一度的“中国生态文明腊子口论坛”逐步发展提升为国际品牌论坛，与“亚太经济博鳌论坛”相得益彰。

我们坚信，“绿色长征”必将成为生态文明中国服务辐射世界的重要载体，必将对全人类的进步、繁荣和发展产生极其重要的促进作用。

（本文调研过程中得到甘肃省社会科学院张正春和中国科学院地理与资源研究所李文埕、钟林生等专家，甘肃省甘南州迭部县有关干部群众的大力支持和帮助，谨此一并致谢！）

参考文献

[1] 国务院〔2009〕41号文件《关于加快旅游业发展的意见》。
[2] 中国生态学会. 绿色长征宣言. 2009-8-29.

第四节 关于将甘南藏族自治州设立为“青藏高原国家级生态文明建设示范区”的建议

甘南藏族自治州是全国十个藏族自治州之一，地处青藏高原东北边缘，属于青藏高原与黄土高原的过渡地带、长江流域与黄河流域的交汇区域及藏汉民族的交融地带，生态多样性和文化多样性非常丰富，在国家安全和生态安全等方面具有十分重要而特殊的战略地位。自治州辖合作市、夏河、玛曲、碌曲、卓尼、迭部、临潭、舟曲等一市七县，总面积4.5万平方公里，境内海拔1100~4900米，大部分地区在3000米以上。州内有汉、藏、回、土家、蒙等24个民族，总人口68.01万，其中藏族占总人口的54.0%，农牧业人口占总人口的80.9%。

一、重大意义

党的十七大报告明确提出了“建设生态文明，基本形成节约能源资源和保护生态环境的产业结构、增长方式、消费模式”的重大任务，将“建设生态文明”确定为国家发展战略。2020年中央西藏工作座谈会上，提出藏区要实现经济跨越式发展和社会长治久安两大目标，进一步把环境保护和生态文明建设摆在更加突出的战略地位。当前甘南州区域生态保护与社会经济发展的矛盾日益凸显，这就迫使我们必须要以科学发展观为指导，加快发展方式转变，实现经济转型，全面推进生态文明建设，积极创建“青藏高原国家级生态文明建设示范区”。

（一）创建青藏高原国家级生态文明建设示范区，是甘南藏区实现经济跨越式发展的迫切需要

目前，甘南藏区群众生产方式与生活方式还比较落后，资源利用效率低下，由于长期森林过伐与草场过牧导致生态退化，部分地区生态环境脆弱、自然灾害频繁。面对当前的生态危机，甘南要实现跨越式发展任务非常艰巨。但是，甘南所拥有的独特生态资源和发展潜力，为发展低碳经济实现跨越式发展奠定了重要基础，创建甘南“青藏高原国家级生态文明建设示范区”并以此为统揽，必将有利于推进生态环境保护和建设，必将大力推进发展方式转变和生态产业发展，最大限度地将资源优势转化为经济优势。建设具有生态良好、生活宽裕、经济发展、社会和谐的甘南藏区，必将对整个青藏高原藏区破解发展难题，转变发展方式，实现跨越式发展发挥重要的促进作用。

（二）创建青藏高原国家级生态文明建设示范区，是甘南藏区实现社会长治久安的迫切需要

当年红军长征两次过甘南，甘南藏区人民给予红军非常宝贵的帮助和支持，为中国革命做出了巨大贡献，甘南人民请求国家给予大力扶持、加快科学发展的愿望十分强烈。当前，甘南经济社会发展虽然取得了显著成就，但与内地发展水平和藏区人民群众的发展要求还有很大差距。创建生态文明建设示范区，加快甘南生态文明建设步伐，积极探索生态文明建设和社会经济发展的新途径，拓展新型产业，增加就业，促进增收，争取让甘南藏区农牧民在改革发展过程中得到更多实惠，必将对藏区的反分裂斗争、和谐稳定和长治久安具有极其重大的意义。

（三）创建青藏高原国家级生态文明建设示范区，是保障甘南生态系统服务功能的迫切需要

甘南州是黄河、长江上游重要水源补给生态功能区和重要生态安全屏障，生态地位极其重要。如黄河在青海发源，在甘南成河。黄河在甘南境内流经 433 公里，径流量增加 108. 1 亿立方米，占黄河源区总径流

量的58.7%，占黄河年均径流量的18.6%。近年来，由于自然及人类活动等多种因素影响，整个甘南面临生态系统失衡、生态环境恶化的突出矛盾和问题。创建“国家级生态文明建设示范区”，对改善和加强甘南生态系统服务功能，特别是对加强长江流域与黄河流域源头地区的生态保护与建设，保障生态安全，具有极其重大的作用。

二、主要建议

一是建议国家将甘南藏族自治州设立为“青藏高原国家级生态文明建设示范区”，统一编制生态文明建设示范区规划，通过对人口规模、经济状况和各行业优势的分析，在规划编制中合理确定城镇人口、工业、农牧业、旅游业及现代服务业的规模，注重发展方式转变和经济转型，促进甘南跨越式发展，充分发挥其在整个藏区的特殊“窗口”作用。

二是建议国家加大对甘南的扶持力度，大力培育生态产业，全面发展低碳经济。积极扶持甘南按照“国家级生态文明建设示范区”要求，加大对生态产业的投入和扶持力度，着力实施生态工程，以甘南黄河重要水源补给生态功能区生态保护与建设、长江上游白龙江流域甘南段生态功能修复和水土流失及地质灾害综合治理两大生态项目为重点，全力实施好天然林保护、退耕还林、退牧还草、游牧民定居、湿地恢复与保护等生态保护与建设项目，加快发展生态旅游业和以牦牛、藏羊为主的高原特色生态农牧业，做大藏中药材和山野珍品加工产业，做好水电资源开发与利用，推进产业转型升级。大力发展低碳经济，倡导低碳生活，增强应对气候变化的能力。

三是建议国家对甘南生态功能区实施生态补偿。根据甘南特殊的生态地位及国家级生态文明示范区建设要求，切实建立健全生态补偿政策和制度，完善生态保护与建设机制，推进甘南生态功能区建设，保障甘南藏区经济持续发展和社会长治久安，为长江、黄河中下游地区生态安全做出应有贡献。

第五节　关于创建浙江民族发展干部学院的建议

党的十九大报告指出，当前我国社会的主要矛盾是人民日益增长的美好生活需要和不平衡不充分的发展之间的矛盾。在全面小康的决胜阶段，民族地区是扶贫攻坚的关键所在。我们研究认为，新时代背景下，民族地区的干部培养至关重要。“行百里者半九十”，全面小康需要“伟大斗争、伟大工程、伟大事业、伟大梦想”，全国各级民族干部是具有决定性的“关键少数”。全面建成小康社会，典型示范带动作用的发挥必不可少。

为此，我们建议，借鉴湖州“浙江生态文明干部学院”的成功经验，尽快创建“浙江民族发展干部学院”。

一、创建“浙江民族发展干部学院”的必要性

为全面贯彻落实习近平新时代中国特色社会主义思想和党的十九大精神，进一步以社会主义民族发展理念引导民族地区各级党员干部，发挥浙江景宁民族发展“三个走在前列”的独特优势和全面小康先行示范优势，积极创建“浙江民族地区发展干部学院”。该学院的成立，将有利于深化民族发展研究，引领推动民族地区建成全面小康和高水平现代化建设，并将有效促进干部教育培训阵地建设取得新进展、培训体系得到完善、培训能力得到新提升。

贯彻学习习近平民族发展思想。“志不求易，事不避难”“在科学发展、民族团结和社会和谐三个方面走在全国自治县的前列”。“民族地区一个都不能少”，要像石榴子一样紧紧团结在一起。强调要以民族团结共同发展为宗旨，搭建一个专门的干部教育培训平台，通过抓住各级民族领导干部这个“关键少数”，层层牢固树立起民族团结和生态文

明理念；坚持不懈用习近平新时代中国特色社会主义思想特别是关于民族发展的思想，来武装头脑、指导实践、推动工作，真正让民族发展和生态文明成为民族地区干部群众的共同遵循和自觉行动。

二、创建“浙江民族发展干部学院”的可行性

浙江景宁是华东地区唯一的民族自治县、全国唯一的畲族自治县。浙江景宁民族发展具有重要的示范意义。以全国畲族文化总部为主要特色的率先实现高标准全面小康“景宁模式”浙江样本，对全国民族地区具有重大理论价值和指导意义。

这些年来，浙江景宁深入贯彻习近平新时代中国特色社会主义思想，全面落实习近平总书记对景宁的重要指示，以“八八战略”为总纲，坚持“绿色发展、科学赶超、生态惠民”发展主线，深入实施“三县并举”发展战略，打开“两山”新通道，富民兴县再赶超，努力实现“三个走在前列”，加快建设美丽幸福新景宁。在科学发展上，坚持“两山”理论，大力发展绿色产业，被列为“国家生态主体功能区”、国家生态示范县与全域旅游示范县。在民族团结上，依法贯彻落实民族自治政策，弘扬“畲汉一家亲”。村务实施畲汉同管理，协商民主亲密无间。畲医药传承创新，发展养生旅游。在社会和谐上，积极创建“全国畲族文化总部”。坚持推进生态文明、建设美丽乡村。坚持美丽城市、美丽城镇、美丽乡村“三美”同步，全域建设大景区、大花园。坚持立法、标准、制度“三位一体”，加强生态立法、制定建设标准、探索长效机制。

新时代全面小康社会建设，需要提炼民族地区全面小康的“景宁模式”浙江样本，并尽快向全国推广。

三、“浙江民族发展干部学院”的基本构想

浙江民族发展干部学院将以习近平新时代中国特色社会主义思想为

指引，深入贯彻落实党的十九大精神，突出民族发展这一最大特色，牢固树立民族发展理念，不断强化民族团结和民族文化传承创新意识，优化教学设计、整合教学资源、创新教学模式、充实教学内容、强健教师队伍，努力在实践中探索一条创新、特色、品牌相促进，规模、质量、效益相统一的发展路子，建设富有朝气和活力的新型干部学院。

组织机制：该学院是由浙江省编委办批复同意，由中共浙江省委组织部、浙江省人民政府民族宗教事务委员会统筹指导、浙江省丽水市人民政府批准建立的一所干部学院。学院实行“省市共建、以市为主”的管理体制。

发展定位：一是特色化学院。着眼于建设全国有特色的干部学院，紧扣时代主题，肩负历史使命，成为民族干部武装习近平思想、厚植家国情怀、锤炼开拓创新能力的重要阵地。二是高端化智库。围绕民族地区发展，积极开展前瞻性、战略性和针对性的课题研究，形成一批理论成果、制度成果和典型经验，逐步确立民族地区发展与建设研究方面的权威地位，为党和政府科学决策提供智库支持。三是开放化平台。立足浙江景宁，放眼全国各民族地区，加强国际国内合作交流，搭建民族文化交流合作、价值提升、国际传播和共享的重要平台，配套建设一批现场教学基地。

第四章

生态文明与水利旅游融合发展

第一节　创建国家水利公园，推进水生态文明城市[①]

水利旅游是依托水利工程设施、水环境资源、水产业和特色文化，利用现代科技手段和服务设施，为旅游者提供体验产品的一种旅游休闲养生产业。水利旅游的发展对保护水资源、弘扬水文化、修复水环境以及发展水产业，对建设生态水利和发展民生水利、推进生态文明建设都起到了积极而重要的作用。水利旅游可以有效地发挥水利工程及环境资源和产业文化的旅游资源价值，能够为人们提供异地消费生活的新场所、扩大内需；为旅游消费者旅游休闲养生提供更加丰富的产品；能够有效促进水利工程区域的居民扩大就业和增加收入；还能够促进山水文化保护传承与创新发展，提高人们的生活品质；能够推动城乡互动互补，促进城乡和谐发展。我国政府十分重视水利与旅游的融合发展。特别是自 2009 年水利部专门成立“水利风景区领导小组”以来，国家水利风景区建设与发展取得规范化快速发展，成就显著。截至目前，审定批准了遍布全国各省市的十二批国家级水利风景区 518 家。

---

① 基金项目：水利部景区办立项课题“中国山水城市标准及示范研究”。

一、新形势下提升水利风景区的战略思路

建设水利风景区发展水利旅游是时代的必然要求。面对资源约束趋紧、环境污染严重、生态系统退化为特征的工业文明严峻形势，党的十八大提出建设生态文明，明确要求必须树立尊重自然、顺应自然、保护自然的生态文明理念，把生态文明建设放在突出地位，融入经济建设、政治建设、文化建设、社会建设各方面和全过程，努力建设美丽中国，实现中华民族永续发展。这是关系人民福祉、关乎民族未来的长远大计。水是生态之基、生命之源、生产之要。建设生态文明的伟大工程，水利的作用不可低估。创建水利旅游新优势，谋求生态文明新突破，我们责无旁贷。水利旅游是以水利工程为依托，以水环境、水文化和水产业为基础发展的一种生态旅游、休闲旅游与养生旅游。水利旅游强调的是用行动将水资源和水环境保护理念落实在水利旅游全过程之中。水利旅游有利于解决旅游发展过程中的环境问题，将水利工程、水利设施、旅游产业、旅游企业和社会公众都置于践行绿色环保和水生态与水产业发展的具体行动之中，树立生态环保意识，为减少碳排放量承担责任，维护和创造清洁健康的水质生态环境。水利旅游特别强调社区参与和利益共享，促进了地方特色民俗文化的传承和发展，推动了我国生态文化繁荣，为构建美丽中国提供了和谐的生态保障。

建设水利风景区发展水利旅游的技术路径。水利旅游需要通过协同创新探索与实现融合发展、整合发展、科学发展与跨越发展，这是水科学发展的内在要求。水利旅游可促进资源的整合与产品的转型升级，能够有效串联一、二、三产业，促进绿色消费有效扩大内需，能够推动异地生活提高人们的生活品质，能够促进城乡互动发展促进社会和谐。水利旅游强调在旅游过程中通过食、住、行、游、购、娱六大要素的生态化来体现节约能源、降低污染、保护水资源和水环境的理念。发展水利旅游，推广节能减排技术、开展生态教育提高人的素质，可加速推进我

国社会文明进步。水利生态旅游不仅给广大民众普及水资源知识、水生态意识、低碳节能技术和生态环境保护的理念，还在旅游过程的各环节中践行生态文明理念、参与水环境保护和水产业发展。水利生态旅游的发展可以促进我国国民生态素质的提高，进而助推生态文明进步。

水利风景区发展水利旅游的功能作用。发展水利旅游有利于推动整个社会、人类、自然的和谐共生与可持续发展，它反映了人类尊重自然、顺应自然、保护自然的理念。生态建设与发展满足了我国和谐社会构建的价值诉求，不仅推动了我国经济增长方式的转变，也促进了经济结构与产业结构的优化。同时，水利旅游使广大民众意识到，我们不仅是市场中的“经济人”，更是一个“自然人”，需要人与自然和谐共生。水利旅游不仅是国民生活水平提高的具体体现，更是公民重视水、亲近水、保护水与顺应水的环保意识、社会信仰、生态责任等生态文明价值的彰显；不仅关系到经济增长方式的转变，更关系到人类进步、社会和谐、价值提升、人性观念等思想的变革。因此，水利旅游是推动我国社会和谐构建的重要载体。发展水利旅游不仅反映了后工业化时代的人们渴望走向生态文明的共同愿景，更凝聚了低碳发展、绿色发展、持续发展和科学发展的智慧与实践。在水利旅游的具体行动中坚持贯彻科学发展、践行生态文明、拓展水利旅游，努力促使水利旅游业态产品多元化、水利旅游环保效果最大化、推动生态旅游与生态产业的融合发展和生态旅游方式大众化，使生态文明融入我国政治建设、经济建设、生态建设与文化建设，大力发展水利旅游是必由之路。

二、水利风景区旅游资源评价方法优化

（一）水利风景区旅游资源评价方法探讨

1. 贯彻科学发展观和适度超前发展理念，实施旅游体验经济的原则导向

建设水利风景区的主要目的是保护水环境、弘扬水文化、拓展水产

业、推进“民生水利、生态水利和旅游水利”综合发展。拓展旅游产业，就成为水利风景区重要而迫切的任务。

贯彻超前发展的理念，发展水利风景区生态旅游、休闲旅游和养生旅游产业，我们必须与时俱进，坚持贯彻科学发展观，落实统筹协调可持续发展的理念，以推进生态文明为目标，同步遵循自然规律、经济规律和社会发展规律，努力实现人与社会、人与人、人与自然的高度和谐。

水利风景区旅游产业发展的主要路径是实施旅游体验经济的原则导向。我们要通过融合发展（促进产业与旅游、水利与旅游、地质与旅游等充分融合）、整合发展（实现资源共享、产业共树与品牌共创）、跨越发展（大力推进创意旅游、重大项目引领）与科学发展（生态文化保护与旅游发展的有机统一），顺应服务经济和体验经济的发展潮流，积极发展旅游新模式，创建拓展新兴旅游产业，大力发展生态旅游、休闲度假旅游和养生旅游，不断推出旅游新产品，推进旅游产业转型升级。

2. 应用科学方法全面评价水利风景区的旅游资源

目前，比较广泛采用的旅游资源评价方法主要有计划行为理论方法、层次分析法、聚类分析法及主题导向法等。

市场需求是发展水利旅游的决定因素，因此也是水利风景区旅游资源评价必须重视的因素。计划行为理论（TPB）自 20 世纪 80 年代末被 Ajzen 等正式提出以来，其应用领域不断拓展。计划行为理论认为意图是指导人的行为的决定因素，其他可能影响行为的因素都是经人的意图（计划）直接或间接产生影响的，人的行为态度、主体规范和感知行为控制是决定行为意向的三个主要变量。余韵、詹卫华等（2011）运用计划行为理论，从游客出游的行为态度、主观规范和感知行为控制方面分析了游客对水利旅游的需求，从满足游客需求的角度出发，构建了水利风景区管理水平评价指标体系。

楚义芳、保继刚首先将层次分析法应用于旅游资源评价。应用层次分析法评价旅游资源的基本步骤为：①对旅游资源的各种影响因素进行归类和层次划分，确定出属于不同层次和不同组织水平的各因素间的相互关系，构建成旅游资源的多目标决策树。②对决策树中各层次，分别建立反映其影响因素之间关系的判断矩阵。通常是邀请专家或问卷调查以填表方式，按同等重要、稍重要、重要、明显重要、极端重要等判断级别，对同一层次中的各因素间相对于上一层次的某项因子的相对重要性给予判断，获得判断矩阵的取值。③在计算机上进行整理、综合、计算和检验，得到旅游资源评价综合层、评价项目层和评价因子层的排序权重及位次。原清兰（2009）在对桂林的生态旅游资源进行定性评估的基础上结合层次分析法与模糊综合评估进行具体应用。首先根据桂林生态旅游资源基本类型的性质和特点，在广泛征求有关专家学者意见的基础上根据国家标准 5 旅游资源分类、调查与评价（GB /T 18972 – 2003）及 6 参照相关文献评价体系与标准，参照王力峰（2006）和黄震方（2008）及王建军等（2006）构建的生态旅游景观资源与生态旅游环境资源相结合的定性与定量综合评价基本框架，构建了新的生态旅游资源评价指标体系。生态旅游资源综合评价指标体系可概括为旅游资源、生态环境、旅游开发条件与发展潜力三个方面。

旅游业已经逐渐从传统观光型向休闲度假型转变，而水利风景区依托其环境、气候和植被等条件，具有发展度假型旅游产品的天然优势。水利风景区的旅游开发面临一系列安全、工程、生产等制约因素。根据这一特殊性，（李山石、刘家明，2012）提出水利风景区优先性、生态性、分类开发的度假型旅游产品开发原则，从水、陆、空三个维度剖析了水利风景区度假型旅游产品的内涵和门类。

（二）水利风景区旅游资源评价指标体系优化

综合前人的研究成果，我们重新审视了现行的“水利风景区评价标准”中“风景旅游资源及开发条件评价”的主要项目指标。应该肯定，“风景资源”（水文景观、地文景观、天象景观、生物景观、工程景观、人文景观、风景资源组合）、“开发条件”（区位条件、经济社会条件、交通条件、基础设施、服务设施及环境容量）等组成的评价指标体系，比较全面客观地反映了水利风景区的建设与发展的现状特征，为我国水利风景区建设与发展发挥了重要作用。但我们必须看到，现行的水利风景区旅游资源评价工作也存在几个突出问题：评价指标体系存在一定的“资源导向”，而不是“产业导向”；评选标准的门槛偏低，对促进水利旅游产业发展的力度不够大。特别是，对旅游发展潜力和前景重视不够，这或许与水利风景区安于现状、旅游创新与拓展严重不足有很大关系，可能是导致水利风景区申报积极与建设迟缓形成鲜明反差，造成社会影响力不够的重要原因。

从旅游资源类别上看，水利风景区的旅游资源，应该包括水景观旅游资源（水文景观、地文景观、天象景观、生物景观、工程景观、人文景观风景资源组合）、水生态旅游资源（水环境质量、环境容量）、水产业旅游资源（水利工业、休闲农业、会展旅游、创意设计及旅游服务设施）和水文化旅游资源（历史文化、民俗文化、主题文化资源、创意文化资源）等。在具体评价过程中，不只是做资源类别的统计分析，更要注重上述资源的独特性、集聚度和美誉度评价，更重要的是需要结合水利风景区旅游发展主题策划，进行历史文化价值和生态养生价值的科学分析，进而分析开发利用条件（生态环境质量、区位交通条件、适游期的长短及社会经济条件）和发展潜力（水利风景区发展规划所体现的当地旅游政策潜力、旅游市场潜力、旅游产品潜力、旅游创新潜力和环境优化潜力）。水利工程的安全性和旅游安全性保障问题，可以在管理评价中予以统一考虑。

因此，水利风景区旅游发展需要与时俱进，按照科学发展和生态文明要求，强调生态系统的整体性和生态文明“五位一体”全面渗透，重新审视与构建水利旅游的评价指标体系（见图4－1），强化政策扶持和科技指导，全面推进水利旅游科学发展，更好地发挥水利旅游的功能。

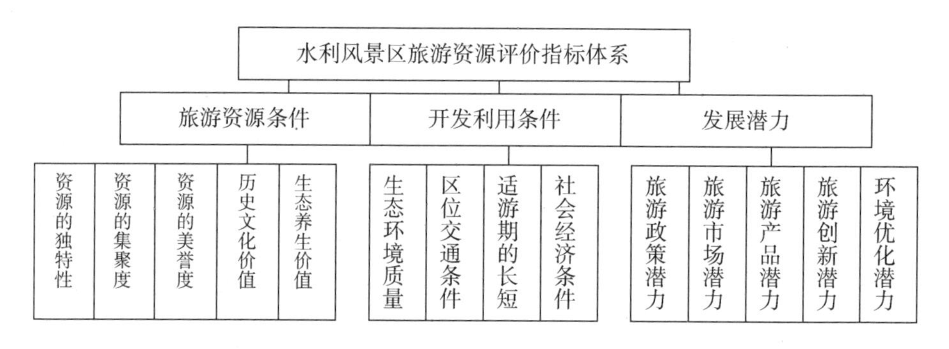

图4-1 水利风景区旅游资源评价指标体系

三、创新发展水利风景区、谋求水科学发展与生态文明新突破的对策建议

（一）以水利风景区为载体，强化科技支撑，加强关于水利旅游、水科学发展与生态文明建设的学术研究

贯彻科学发展、践行生态文明，必须坚持“科技兴水、人才兴水与创新兴水”的指导思想。目前，水利风景区是水利旅游发展的主战场，要针对水利风景区科学发展与转型升级问题，制订水利旅游、水科学发展与生态文明建设科学研究计划。依托水利部国家水利风景区专家委员会、中国生态文明研究与促进会及中国生态学会生态旅游专业委员会等专家队伍，大力推动相关的科研工作。依靠科技创新推动水利旅游、水科学发展，依靠科技进步推进生态文明建设。

（二）以建立健全试点制度为突破口，贯彻生态文明“五位一体”，加强水利风景区管理体制机制创新

水利风景区要发展水利旅游产业，离不开相关产业和特色民俗文化的支撑，更离不开当地社区居民的支持，因此必须打破“条块分割”的体制机制格局。以建立健全试点制度为突破口，贯彻生态文明“五

位一体”，加强水利风景区管理体制机制创新，为水利旅游科学发展、和谐发展与跨越发展提供制度和机制保障。

（三）以出台扶持政策为抓手，设立水利旅游专项资金、加强人才队伍建设、积极拓展水利旅游产业，努力提高水利旅游服务品质

鉴于水利风景区建设与水利旅游发展对水科学发展和生态文明的重大价值，针对水利风景区的建设与发展，出台必需的扶持政策是十分必要的。当前，拓展水利旅游产业，提高水利旅游服务品质，推进水利旅游转型升级，实现水利旅游科学发展是摆在我们面前的迫切任务。水利旅游是一项新生事物，是一项创新行动，必须有相应的扶持政策配套，才可能有所作为、得到发展。因此，需要各级政府出台相应的扶持政策，尽快设立水利旅游专项资金、加强人才队伍建设，为水利旅游健康快速发展提供必要的政策环境。

（四）以转型升级为目标，与时俱进健全评价标准，优化水利工程规划体系，全面推进水利旅游科学发展

对照水科学发展与生态文明建设的要求，我们注意到，现行的水利工程规划、水利风景区评价体系等一大批技术性文件，都或多或少存在一些问题。这些问题如果不能得到及时解决，必将长期性、全局性地影响到水利旅游、水科学发展和生态文明建设进程。因此，以转型升级为目标，与时俱进健全评价标准，优化水利工程规划体系，全面推进水利旅游科学发展，势在必行、刻不容缓。

（五）强化产业导向，实施“国家水利公园”行动计划，创新水利旅游新优势

国家水利风景区已经有十多年的建设经验，水利部宜借鉴国家林业局的“森林公园”和“湿地公园”，以及国土资源部的“地质公园”成功经验，按照贯彻科学发展、践行生态文明的要求，在水利部景区领导小组的框架内，尽快研究制定“国家水利公园”评价指标体系，在全国全面开展国家水利公园创建工作，对建设美丽中国，具有重大而深

远的意义。

要按照生态文明建设的要求，使水利旅游更好地融合发展，更多惠及民生、更优地美化环境，必须强化产业导向，创新水利旅游新优势，谋求生态文明新突破。我们必须大力发展水利旅游生产力，尽快启动实施“国家水利公园行动计划”，促进水利旅游转型升级。

（六）坚持特色发展和跨越发展，积极创建“水生态文明城市”，助推建设美丽中国

审视中国当代的城市建设与发展，我们不难发现一个带有普遍性的突出问题，就是“千城一面”缺乏特色，生态文化的缺失已经严重影响到城市的持续发展和科学发展。放眼世界，只有中国强调人与自然和谐“天人合一”，并拥有丰富多彩的山水文化。著名科学家钱学森先生早在20世纪90年代初，就提出要将山水文化、山水园林融入城市建设，要大力发展山水城市。并明确指出“山水城市，是中国未来城市的发展方向”。我们有理由认为，山水城市是人类社会的理想城市，是中国特色的生态城市，也是最高阶段的生态城市。水生态文明城市，就是实践与探索“山水城市”与“水科学发展城市”的一种重要形式。

从弘扬“尊重自然、顺应自然和保护自然”的生态文明理念来看，山水文化是具有中国特色的生态文化，强调山水文化具有不可分割的整体性。重视弘扬与发展山水文化的山水城市，可以让现代城市注入“中国魂”而尽显无限魅力，助推建设美丽中国。水生态文明城市是属于更高层面的，更符合生态文明“五位一体”的战略要求。水生态文明城市的建设成果，也一定能够成为水利旅游的重要目的地，进而推动水利旅游获得更高层次的跨越与发展。

我们坚信，借鉴园林城市、森林城市、环保模范城市的成功经验，以现有的“城市河湖型水利风景区”为依托，积极开展“水生态文明城市”的探索与创建工作，一定能够为大力发展现代水利，为贯彻科学发展、践行生态文明、建设美丽中国做出更大贡献。

参考文献

[1] 陈雷. 加快建设 强化管理 努力开创水利风景区工作新局面 [R]. 全国水利风景区建设与管理工作会报告，2011－03－02.

[2] 胡四一. 大力推进水利风景区建设又好又快发展 [R]. 全国水利风景区建设与管理工作会报告，2011－03－02.

[3] 詹卫华. 加强水利风景区建设与管理 为构建生态文明服务 [J]. 中国水利，2010，(15).

[4] 张跃西. 产业生态旅游理论与实践探索 [M]. 北京：北京大学出版社，2009－02.

[5] 李石山，刘家明. 水利风景区休闲度假型旅游产品开发研究 [J]. 中国水利，2012 (04).

[6] 卢艳丽，王荣成. 基于模糊聚类的旅游资源评价及开发策略研究——以长春市为例 [J]. 资源开发与市场，2012，28 (04).

[7] 丁惠英. 加强水利风景区建设与管理的几点建议 [J]. 水利发展研究，2007，(08).

[8] 廉艳萍，傅华，李贵宝. 水利风景区资源综合开发利用与保护 [J]. 中国农村水利水电，2007，(01).

[9] 马承新. 关于水利风景区建设管理的思考 [J]. 中国水利，2006，(06).

[10] 陈子年. 水利风景区建设与管理可持续发展的运行机制 [J]. 湖南水利水电，2005，(04).

[11] 黄显勇，毛明海. 运用层次分析法对水利旅游资源进行定量评价 [J]. 浙江大学学报（理学版），2001，(03).

[12] 毛明海. 浙江省水利旅游区主题提炼和开发研究 [J]. 浙江大学学报（人文社会科学版），2000，30 (3).

[13] 刘晓惠，俞锋. 基于风景资源特色的水利风景开发 [J]. 中

国水利，2009，(02).

[14] 原清兰. 基于AHP的桂林生态旅游资源评价研究[J]. 重庆工商大学学报(社会科学版)，2009，26(6).

[15] 中华人民共和国水利部. 水利风景区管理办法[EB/OL]. [2004012030]. http://www.mwr.gov.cn/zwzc/zcfg/bmfggfxwj/200405/t20040510-156045.html.

[16] 余韵，詹卫华，谢祥财. 基于计划行为理论的水利风景区管理水平评价指标体系[J]. 水利经济，2011，(01).

第二节 水生态文明城市的几个理论问题

为了贯彻科学发展、践行生态文明、建设美丽中国，结合深入贯彻全国水利工作会议精神，加快建设现代水利示范省和生态山东建设，山东省委省政府，积极谋求科学发展水利新路子，努力开创生态文明城市新局面，在认真总结“国家水利风景区”建设经验的基础上，从2012年起，在全省范围内开展创建水生态文明城市活动，旨在强化生态基础，促进人水和谐，为全省经济社会可持续发展提供更加可靠的水利支撑和保障。

水生态文明城市“山东经验”表明，以城市为切入点，以水生态文明建设为主要内容，全面推进生态文明与建设美丽中国，意义特别重大。主要做法有以下几点：第一，山东省制定了《山东省水利风景区“十二五”发展规划》，通过水利风景区建设，带动了全省水生态环境明显改善，水质达标率、水土流失综合治理率等显著提高。城市水生态环境质量得到明显改善，城市品位和城市形象得到显著提升。第二，科学制定《水生态文明城市评价标准》(全国第一个水生态文明城市省级地方标准)。该标准结合河道防洪治理、水利风景区创建、生态水系建设，以提升城市防洪能力为前提，以水资源可持续利用、水生态体系完整、水生态环境优美为主要内容，具体包括水资源、水生态、水景观、水工程及水管理五大一级、23 条指标的评价指标体系。第三，积极开展水生态文明城市创建试点工作。临沂市已经率先通过山东省水生态文明城市评审，成为全省第一个水生态文明城市。

水生态文明城市建设与发展迫切需要理论指导。相关的理论问题，包括水生态文明内涵，水生态文明城市与生态文明及美丽中国之间的关系，水生态文明城市品牌等重要问题，值得进一步研究与探讨。

一、水生态文明不仅是区域生态文明的重要组分，更是美丽中国的重要基石

（一）水是生态系统的重要物质基础，具有特殊的地位和作用

生态破坏的主要原因，在于人类基于工业文明排放三废的生产方式、无所克制的生活方式和贪图享受的消费方式。广大农村的面源污染、重要河流的水域污染、主要湖泊的蓝藻大爆发、日益频繁的旱涝灾害、高碳消费导致的地球变暖，一再警示人类社会，只有生态文明才能够救人类，实现人与自然的永续发展和持续发展。我们必须落实科学发展观转变发展方式（包括生产方式、生活方式和消费方式），必须全面推进生态文明，坚持绿色发展、低碳发展、循环发展，大力发展生态经济、低碳经济和循环经济。

水是生态系统的标志性因素，是生态系统的功能性组分。人的生产与生活都离不开水，城市的建设与发展更是离不开水。生态系统的复杂性和关联性，特别是地球生物化学循环特征和生物富集效应，使得一个区域的空气污染、土壤污染、植被破坏等，都会在水生态环境质量方面得到一定程度的客观反映。因此，水生态环境质量，完全可以作为一个地区的生态环境质量的重要标志。

水是生命之源、生态之基、生产之要。水生态文明既是区域生态文

明的重要组分，更是美丽中国的重要基石，必须引起充分重视和高度关注。

（二）水生态文明与生态文明及美丽中国之间的关系

生态文明，要求既遵循自然规律，也遵循经济规律，同时还必须遵循社会规律。生态文明建设，必须五位一体渗透到各个领域的方方面面。生态文明从内涵上说，应该是涵盖物质文明和精神文明的更高层次的哲学概念。

水生态文明，是以科学发展观为指导，遵循人、水、社会和谐发展的客观规律，以水定需、量水而行、因水制宜，推动经济社会发展与水资源和水环境承载力相协调，建设永续的水资源保障、完整的水生态体系和先进的水科技文化所取得的物质、精神、制度方面成果的总和。笔者认为，水生态文明也可以理解成“水科学发展”，这两个概念是一脉相承的。水生态文明强调以水为核心，在维护自然生态系统的稳定性、产业生态系统的功能性的同时，还维护着社会文化生态系统的和谐性和创新性。水生态文明的主要内涵，主要包括保护水资源、弘扬水文化（山水文化、特色文化）、恢复水环境、维护水生态（水利工程、生态工程）、美化水景观、拓展水产业（生态产业）、发展水经济（生态经济、循环经济、体验经济），还包括推进生态文明建设（生态社区、生态城市）。

中国人自古崇尚“上善若水”和“山水文化”。这里的山水，既有物质层面的含义，更有精神层面（天人合一、阴阳和谐）的含义。水生态文明，因为注重水要素功能的特殊性和可测量性，比较适合作为生态文明的重要标志。从某种意义上说，治水就是治国。风调雨顺，山清水秀，则民安国泰；天灾人祸，山穷水恶，则民不聊生。只要水生态文明建设做得好的地方，那一定是生态文明相对发达的地方，就是符合美丽中国标准的地方；否则，那就一定达不到生态文明和美丽中国的要求。因而，笔者有理由认为水生态文明就是生态文明的重要组分，也是重要标志。

二、水生态文明城市是推进生态文明建设的重要抓手和着力点

（一）水生态文明城市的内涵

水生态文明城市，强调按照生态系统理论来发展生态水利、民生水利和旅游水利。水生态文明城市建设，虽然由水利部门发起推动，但从真正意义上做到了“跳出水利看水利、跳出水利发展水利”的思路。创建水生态文明城市不仅有利于科学发展现代水利，还将有利于统筹协调、整体推动水生态文明城市建设。因此，水生态文明城市为谋求科学发展水利和开拓生态文明城市新局面探索了一条新路子。

水生态文明城市概念的内涵。水生态文明城市，是按照生态学原理，遵循生态平衡的法则和要求建立的，满足城市良性循环和水资源可持续利用、水生态体系完整、水生态环境优美、水文化底蕴深厚的城市，是传统的山水自然观和天人合一的哲学观在城市发展中的具体体现，是城市未来发展的必然趋势，是“城在水中、水在城中、人在绿中”，人、水、城相依相伴、和谐共生的独特城市风貌和聚居环境，是人工环境与自然环境的协调发展、物理空间与文化空间的有机融合。它不但要保持良好的自然生态环境，还应具有适宜的人工环境和丰富的人文内涵，核心是以人为本，目标是人与自然和谐相处。水生态文明城市是城市水利发展的必然目标，必将对城市发展和水利建设产生积极深远的影响。

水生态文明城市的五美融合特征。为实现美丽中国、美丽城市发展的新目标、新定位和新愿景，必须坚持“以人为本、创智为要、城乡统筹”的发展理念，围绕转变发展方式与建设生态文明的重大问题与现实挑战，以最严格的水资源管理为切入点，构建科学治水的倒逼机制，加快产业转型升级和经济结构调整，促进水生态文明建设，努力实现“山水生态清秀美、人居生活和乐美、产业功能活力美、城乡空间精致美、特色文化品质美”五美融合的美丽城市发展目标。

（二）水生态文明城市建设的目标

水生态文明城市建设，要努力实现“三提高一传承”。城市生态文明意识不断提高，更加自觉地在水利规划、设计、建设和管理工作全过程中落实水生态文明理念，生态工程得到广泛应用。城市生态文明管理程度不断提高，更加重视对水域的保护和修复，入河湖污染物得到有效监控，生态用水比重不断增加，水面率稳中有升，恢复水域内生物多样性。城市全社会用水文明程度不断提高，最严格水资源管理制度有效落实，用水方式进一步向节约集约和循环利用转变，用水效率和效益稳步提高。促进水文化进一步传承和弘扬，更加重视人水和谐相亲的互动关系，在改善水生态环境质量的同时，挖掘保护和弘扬水文化，大力推进水文化的繁荣与发展。水生态文明城市的五美融合，为我们明确了以水生态文明为导向的美丽城镇建设的行动方向，实施十大行动：生态保育行动、低碳优先行动、景观美化行动、创新智慧行动、功能提升行动、城乡一体行动、服务品质行动、文明和谐行动、体验繁荣行动、文化灿烂行动。

（三）水生态文明城市建设的基本路径

提高理论认识，是创建水生态文明城市的前提。水生态文明城市建设，需要“跳出水利看水利”。与时俱进，顺势而为，勇于创新与突破。充分依靠科学论证，大胆探索与实践。创建“水生态文明城市”是贯彻落实党的十八大精神的具体行动；是改善城市环境，提升城市品质，优化城市布局，促进城市发展，增强城市活力，打造宜居城市，实现人、水、城和谐发展的重要载体。

协调和谐关系，是创建水生态文明城市的关键。水生态文明城市建设，以考核和倒逼机制为先导，实施机制创新。按照中央关于水利改革发展的决策部署，依托城市水网规划、统筹城乡发展，坚持标本兼治，全面推进水资源、水生态、水景观、水工程、水管理和水文化等“六大体系”建设，着力解决水资源短缺、水灾害威胁、水生态退化三大水问题。实现水资源从开发利用为主向开发保护并重转变，水生态从人工建设为主向自然保护恢复为主转变。

实施协同创新，是创建水生态文明城市的保障。水生态文明城市建设，需要建立健全保障机制。省委重视、政府主导、部门推动和群众参与，这是成功推进水生态文明城市建设与发展的一条重要经验。

三、水生态文明城市与铸造中国城市品牌的关系

长期以来，我国城市品牌建设一直存在部门各自为政，条块分割，各行其是的问题。党的十八大以来，城市品牌建设的形势正在发生可喜的变化，主要表现在：

由条条到块块（森林城市、园林城市、环保模范城市）。

由物质到精神（卫生城市、历史文化名城、旅游城市）。

由单一到综合（科技强市、文明城市、水生态文明城市）。

由表象到本质（和谐城市、美丽城市、美丽城镇）。

由国内到国际（国际旅游城市、国际会展城市）。

具有高度综合性的生态城市、生态文明城市和山水城市，因为没有主管部门推动，一直没有得到足够的重视和关注。值得高度关注的，是（水）生态文明城市/山水城市。它们具有战略意义、高度综合性特点，并极具中国特色，应该成为我国未来理想城市/美丽城市的品牌建设方向。

表 4－1 中国城市品牌一览表

名称	部门	内涵特征
历史文化名城	建设部	城市历史文化资源特别丰富。
园林城市	林业部	城市园林建设水平高。
森林城市	林业部	城市森林覆盖率高。

续表

名称	部门	内涵特征
文明城市	文化部	城市精神文明程度高。
卫生城市	卫计委	城市卫生工作和健康水平高。
环保模范城市	环保部	注重环保工作的示范性和典型性。
水生态文明城市	水利部	注重城市水科学发展和生态文明建设的有机统一。
最佳旅游城市	旅游局	城市旅游服务品质好，注重旅游国际化发展。
优秀旅游城市	旅游局	城市旅游业发展水平高。
生态城市	环保部	应用城市生态学理论建设城市，合理配置自然生态子系统、产业生态子系统和社会生态子系统，注重城市生态和谐。
山水城市		应用山水文化与山水园林的理念建设城市。 注重城市天人合一和山水文化传承。

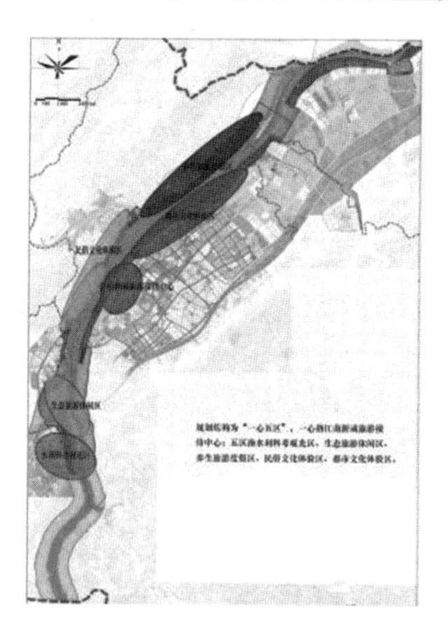

图 4－2　桐庐富春江水利风景区功能分区图①

① 引自《桐庐富春江国家级水利风景区建设规划》，2012. 12。

四、案例研究

浙江省以科学发展观为指导，深入贯彻党的十八大关于加强生态文明建设与省委“两富”现代化浙江建设的重大战略部署，立足全省与区域经济社会发展需求与水生态特点，树立尊重自然、顺应自然、保护自然的理念，坚持节约优先、保护优先和自然恢复为主，以实现“江河安澜、河湖健康、百业润泽、人水和谐”为主要目标，以落实最严格水资源管理制度和维护河湖健康为抓手，以提高水安全保障水平、强化水资源节约集约利用、丰富水生态保护和修复举措、推进水文化传承与繁荣、提升水生态管理能力为主要任务，大力推进水生态文明建设，提高全省水生态文明水平，更好地保障城乡居民安居乐业与经济社会的可持续发展。

近年来，浙江省始终坚持优化经济发展与生态保护并重，并通过多种环保倒逼手段，有效促进了我省产业结构调整，推动了企业的转型升级。2011 年浙江省根据我省产业结构特点和重点行业环保治理现状，制订了印染、制革、化工、造纸、电镀、铅酸蓄电池等 6 个行业的污染整治方案，出台《浙江省铅蓄电池行业污染综合整治验收规程》和《浙江省铅蓄电池行业污染综合整治验收标准》。上半年针对重金属环境安全事故频发的形势，浙江省开展了以铅酸蓄电池行业为重点的环境整治行动，推动涉重行业加速转型转产。同时，针对我省块状经济明显的特点，以重点区域和行业的污染整治倒逼结构调整，积极鼓励并推动上虞精细化工行业、秀洲针织印染行业等强化结构调整，加快产业转型升级。

通过环境污染整治，全省主要污染物排放总量持续下降，产业结构持续优化，环境污染和生态破坏的趋势得到有效控制，环境质量稳中趋好，保持了环境保护能力建设、生态环境质量两大方面全国领先。

示例——浙江桐庐最美山水城市建设经验

桐庐县战略定位：中国最美山水城市。具体表现在山水生态清秀美、人居生活和乐美、产业功能活力美、城乡空间精致美及特色文化品质美。

（一）山水生态清秀美

桐庐县位于杭州市域中部，分水江与富春江交汇的富春江沿岸，荣获“国家级生态县”“国际花园城市”等荣誉称号，城镇环境优美、山水格局特色显著，具有丰富的低山缓坡资源。桐庐富春江水利风景区以奇山异水的富春江山水为主体，城景交融为特色，山秀、水清、城美、境幽、景致，生态环境优良，历史文化浓郁，具有“平湖峡川、青山叠翠、沃野平丘、潇洒桐庐”的景观特质，适宜组织开展观光游览、休闲度假、康体休闲、科教文化等活动。“钱塘江尽到桐庐，水碧山青画不如”，水利风景区两岸拥有桐君山等众多山体，山峦连绵拱卫、云绕含黛，使人环顾流连。江北岸山体灵秀小巧、高低起伏、层次丰富，近处的桐君山海拔高度 66 米，远处的月亮山高度达 500 多米；江南岸山体巍峨耸立、延绵伸展。桐庐水域的净化能力特别强。出境水质优于入境水质。桐庐境内主要河道水质达到国家Ⅱ类水标准。

（二）人居生活和乐美

桐君山、江堤公园、市民休闲广场交相辉映。城市绿化水平高。富春江两岸的休闲绿道建设，把原本散落的各个景点和公园紧密地串联起来，并形成一个城乡互动的慢生活乐园。人民安居乐业，就业率高，吸引力强。以江南岸堤公园和观景平台为标志的景观岸堤建设已经成为桐庐城市的重要亮点，也成为桐庐富春江水利风景区的标志性景观。这里是具有良好生态资源的“钱塘江—富春江—新安江”“三江两岸”黄金旅游线路，它是整合沿线各类自然和人文等旅游资源而成的美丽风景旅游线，也是大杭州今后五年内要实施全面整治，以整治带保护、带规划、带转型、带建设、带开发、带旅游、带宜居，实现“宜居、宜业、宜游”的目标，使“三江两岸”地区成为休闲旅游的首选地、经济发展的新“蓝海”、区域统筹的先行区、生态文明建设的示范区。

（三）产业功能活力美

桐庐县的水电机械设备制造产业集中在富春江镇，拥有完整的生产体系和产业链及铸造、大型钢板压型、结构件、金工、电气等水力发电设备配套生产链。境内有水电设备及配套产品生产企业近70个，其中有东芝水电设备（杭州）有限公司、浙江富春江水电设备股份有限公司等知名的水力发电设备制造企业，成为华东地区重要的机械制造生产基地和全国重要的水力发电设备制造基地。桐庐县被中国电器工业协会授予“中国水力发电设备制造基地”称号，是具有发展潜力的水电工业旅游景区。富春江水利枢纽工程，发电灌溉综合效益大。富春镇的水电设备制造上市企业有两家，水产业集群化发展态势良好。大奇山森林公园和严子陵钓台国家4A级景区交相辉映、相得益彰。富春江水利旅游的“春江花月夜”“绿岛小夜曲”引人入胜。桐庐是“中国快递物流产业采集中心”，体现了桐庐现代化产业功能的活力美。

（四）城乡空间精致美

图4-3 桐庐芦茨湾景区①

① 引自《美丽杭州建设规划》，2013。

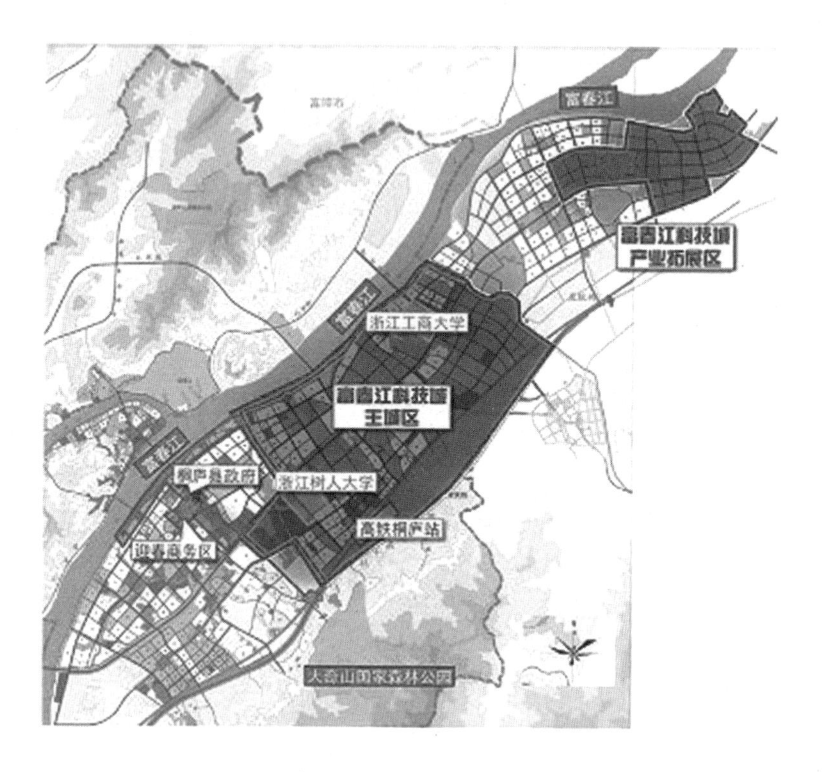

图4－4　桐庐富春江科技城区位及相关信息图

富春江穿城而过。“新富春山居图”展示在世人面前。亲水生态土屋的美丽乡村芦茨村—高科技水产业集聚的富春镇—山水城市的桐庐城，形成了一个精致完美的城乡体系。江南新城中央商务区成为桐庐富春江水利风景区旅游业发展的重要配套。坚持以新型城镇化为主导，加快城乡区域统筹发展，依托独特的山水资源，以景区的理念规划整个桐庐，以景点的要求建设每个镇村，全力打造“山水如画、人间仙境”的县域大景区。富春江沿岸的城乡一体化建设成效显著。浙江省美丽乡村现场会、浙江省最美县城现场会先后在这里举行。“最美山水城市”的品牌已经初步形成。

（五）特色文化品质美

富春江历史上名人辈出，上古的桐君老人，三国的孙权，晋代的严子陵，宋代的方腊，元代的黄公望，清代的董邦达、董诰，近代的郁达夫、叶浅予不胜枚举，他们留下了无数活动遗迹、书画诗词、传说典故。富春江游路是我国历史上不可多得的“水上唐诗之路”。从我国山水诗鼻祖谢灵运始，历朝著名诗人如李白、苏轼、杨万里等上百人在此吟出众多千古佳句。叶浅予故居、叶浅予艺术馆、胡家芝剪纸艺术馆、“蜂之语”文化主题园及桐君中药文化等非物质文化遗产，具有比较广泛的吸引力。

2012 年第一个“百姓日”节庆，创新社区和谐文化。桐君山养生文化底蕴深厚，桐庐养生产业异军突起，“桐庐养生旅游文化节”呈现出广阔的发展空间。

（六）建设一片景区、带动一片城市、造福一方百姓

县城迎春商务区及城东的桐庐经济开发区发展形势良好，杭黄高铁即将建设，区域交通将更为便捷。桐庐富春江国家级水利风景区建设，有效地提高了城市的五美融合，促进了城市功能的提升，为百姓造福。为了更好地接轨杭州市旅游、文创、科技“西进战略”，推进产业转型升级，进一步提高承接杭州科研、文创、休闲旅游、养生养老等区域性服务功能转移的能力，县委县政府决定在城东富春江沿岸，依托开发区、凤川街道和江南镇规划及国家级水利风景区，高水平打造“桐庐富春江科技城”。

富春江科技城规划总面积 33 平方千米，通过引进浙江工商大学杭州商学院、浙江树人大学等两所高校，促进产学研结合；通过发展文化创意园、科技软件园、花园式总部园、科技孵化园、通信设备产业园、新材料产业园和快递服务产业园等 7 个园区，重点培育发展现代商务、研发服务、快递物流、新兴绿色产业和先进制造业五大产业；通过杭黄高铁站中心及凤川柴埠中心两大区域中心的建设，并配以建设服务中

心、人才公寓、汽车城、物流中心、生态公园等生活组团和生态组团，打造绿色低碳、综合性可持续发展的科技新城。

富春江科技城的建设，将吸引高教研发机构入驻，助推产业转型升级，激发发展活力；也将推动慢生活、休闲产业等第三产业发展，承接市域乃至更大范围的区域性功能，打造魅力城镇。

结语

水生态文明城市，是生态文明和美丽中国背景下的新生事物，需要实践探索，更需要理论创新。我们认为，从本质上看，水生态文明城市是以最严格的水资源管理为切入点的生态文明城市，是具有中国特色的山水城市，是中国未来城市的发展方向。鉴于城市的特殊作用和意义，水生态文明城市应该是推进生态文明和建设美丽中国的重要样板，需要典型带动，积累经验以点带面，全面推进。我们坚信，只要我们响应党中央号召，坚持科学发展，同步遵循自然规律、经济规律和社会规律，勇于创新、扎实行动，我们就一定能够实现生态文明和美丽中国的宏伟目标。

参考文献

[1] 王文珂. 水生态文明城市建设实践思考［J］. 中国水利，2012（12）.

[2] 张跃西，杨婷婷. 创建国家水利公园 推进水生态文明城市建设［J］. 广西经济管理干部学院，2013（2）.

第三节　浙江水利风景区发展模式创新研究

东海之滨的浙江省，大禹治水文化源远流长，也是“绿水青山就是金山银山”理论的发源地。新时期，为促进人水和谐，全面推进生态文明，浙江省坚持实施“八八战略”，率先践行“两山理论”，全面建设“两美浙江”。浙江省在全国较早成立浙江省水利风景区专家委员会，编制与实施《浙江省水利风景区建设规划》，在大力发展生态水利、民生水利与旅游水利方面成效显著，先后建成了 27 个国家级水利风景区。

浙江广大干部群众对科学治水具有比较深刻的认识。水是生态之基、生命之源、生产之要。2013 年以来浙江省委省政府将“五水共治”作为“倒逼转型”和“惠及民生”的重要抓手，并创建了“河长制”“河警制”，强化考核监管，成效十分显著，也极大地推进了水利风景区的建设与发展。国家级水利风景区，理应成为浙江“五水共治”示范区。我们必须注意到，从总体上来看，浙江省国家水利风景区建设还存在几个突出问题：一是水利风景区发展模式创新及示范工程建设问题，没有引起足够的重视；二是水利风景区知名度不高，社会影响力不够大，与国家水利风景区的品牌也不相称；三是水利风景区的产业融合发展路径需要创新与突破。这些问题迫切需要深入研究。

一、旅游融合体理论探讨

人类依水而居，城市因水而建，产业因水而兴。文化是人类在社会历史发展过程中所创造的物质财富和精神财富的总和。产业是具有某种同类属性的经济活动的集合或系统。旅游是一定社会经济条件下的一种人类社会经济活动，它表现为人们以寻求新的感受为主要目的，离开常住地的一种综合性物质文化活动。从文化属性来看，旅游活动与产业经营在本质上是一种文化活动，具有文化特性的经济产业亦属于文化活动的范畴。文化产业是指以满足人们对文化需求为目标，按照工业标准，生产、再生产、储存以及分配文化产品和服务的一系列活动。文化旅游是以旅游与文化的融合，感知、了解和体验人类文化具体内容的行为过程。产业旅游是旅游产业的一种类型，它包括农业旅游、工业旅游、水利旅游及文化产业旅游。

所谓旅游融合体，是指在特定空间范围内，依托绿水青山的优美自然生态环境、具有文化价值的优秀人文资源和具有品牌价值的优势产业资源的集聚整合为旅游吸引物，依据融合发展、绿色生态、创新驱动、主客共享及联动辐射的原则，以文化体验、休闲娱乐、度假养生为导向，以打造能够满足游客“吃、住、行、游、购、娱、商、体、养”九大需求的复合型旅游产品为核心，以促进当地社会经济文化生态协同发展为目标，“文化、产业、旅游”三元融合的多功能、多业态、深内涵、重体验的融合发展集聚区。

旅游融合体集聚三大类旅游资源的优势，突出的是旅游吸引物的高品质条件。旅游吸引物是旅游活动的客体，其品质的优劣关系到旅游吸引力的大小，甚至关系到旅游规模的大小。优美的自然环境、优秀的人文资源以及具有优势的品牌产业作为高质量的旅游资源，符合现代社会注重生态文明、健康发展、文化体验的要求，是打造旅游融合体的基础支撑。文化产业旅游融合体坚持以市场需求为导向。游客是旅游活动的主体，其对旅游的需求早已不再停留于“走马观花”，而是向着文化体验、休闲娱乐与度假养生转变。没有需求就没有市场，旅游融合体不能脱离游客对旅游活动的需求。因此，旅游融合体必须依据市场需求，更加全面地提供能满足游客在吃、住、行、游、购、娱、商、体、养等方面需要的复合型旅游产品。

旅游融合体是对旅游综合体的创新提升，创建旅游融合体除了要遵循融合发展与绿色生态的基本原则之外，更要遵循创新驱动、主客共享和联动辐射的原则。创新驱动侧重旅游机制的创新，以文化引领、产业推动为核心驱动旅游发展。主客共享强调当地居民与游客的资源共享。联动辐射要求各个事物之间互相关联带动，产生辐射效应。依靠产业推动文化、旅游的发展，依托文化增添产业、旅游的内涵，借助旅游实现文化、产业的传播。水利旅游融合体，整合文化、水利产业、旅游优势于一体，能极大地拓展旅游功能、丰富旅游业态、提升旅游内涵。水利旅游融合体关注与当地的社会经济、文化生态协同发展，更具公益性，更符合社会发展要求。

如今，二元融合模式已经跟不上社会快速发展的步伐，“互联网+”“旅游+”等概念被相继提出，其本质就是互联网、旅游与其他产业的相互融合，强调了融合的多元化。为迎接“旅游+”的新时代，创建“水利+”的新未来，我们提出“四元融合”，打造水利旅游融合体即“文化、产业、水利、旅游”融合体。文化是旅游的灵魂，产业是旅游的依托，水利是旅游的载体，旅游是产业转型的途径。集聚文化、产业、水利、旅游的优势，大力发展旅游业、弘扬优秀文化、促进产业转型，是四元融合最重要的作用，也是最主要的目的。根据旅游融合体概念，我们结合浙江省近年来国家水利风景区建设与发展实践，构建浙江“水利+”旅游融合体模式。

二、浙江水利风景区建设发展的三种模式

（一）自然与城市河湖复合型畲乡绿廊模式

该水利风景区位于全国唯一畲族自治县、华东唯一民族自治县。畲族文化氛围日渐浓厚，畲族风情将成为畲乡景宁经济社会腾飞发展和各项事业发展的“助推器”。畲乡绿廊水利风景区的创建也将紧紧围绕“畲族文化总部”发展目标和“中国畲乡、小县名城”的县域定位，借“畲族文化资源”发展“水利风景旅游”事业，融“畲族风情”于“畲乡绿廊水利风景区”创建之中，共同推进畲乡生态休闲养生（养老）业发展。在景区发展规划中，畲族元素与山水元素等同布置，坚持文化引领，充分挖掘和弘扬传统建筑、民族及山水文化，以打造小而特、精而美的“中国畲乡、精致景宁”品牌为目标。畲乡生态滨水绿道，依托千峡湖库尾河道沿岸丰富的山水、文化资源，集旅游、休闲、

文化、运动、商业为一体；鹤溪河桥城防工程河道修建橡胶坝，增加蓄水面积，形成人工湖美景，水边设置亲水步道、平台、廊桥、滨水建筑物等，这都是水利工程与乡村休闲完美结合的表现。游客们或结伴同行，或独自上路；或在水桥嬉戏，或在木屋憩息；游客在绿道上漫步，可一边欣赏周边的山水景观，一边体会畲乡浓郁的民族风情，形成一幅休闲祥和的美丽图画。

凤凰古城全国畲族文化总部及全国少数民族工艺博览城建设进一步促进人水和谐。畲族文化是景宁的重要民俗风情，也是景宁发展旅游的最大特色资源。长期以来，畲族歌舞、服饰、语言、习俗等畲族民族传统特色文化得到了较好的传承和发展。特别是畲族自治县自设立以来，畲族风情得到了进一步发扬和挖掘，现拥有国家级非物质文化遗产名录3项，省级名录21项，市级名录108项，被文化部命名为“中国民间艺术之乡（畲族民间歌舞）”。一年一度的“中国畲乡三月三”活动成为畲乡重要民族文化窗口，被国际节庆协会评为“最具特色民族节庆”。大型畲族风情舞蹈诗《千年山哈》于2012年代表浙江省参加第四届全国少数民族文艺会演，并获得表演金奖。

国际水电文化中心的建设与运营，使丽水水文化辐射力显著增强。景宁水资源开发历史悠久，利用广泛，水电发展规模十分庞大。小水电是景宁最大的无烟工业，是绿色经济的一个重要组成部分。2004年，水利部授予景宁畲族自治县“中国农村水电之乡”称号，形成了景宁特色小水电文化。景宁水电人还把目光瞄向中西部，去贵州、云南等水资源丰富的地区建立水电站。贵州装机7500千瓦的榕江电站、湖北五峰土家族自治县投资1.8亿元的天池河电站，都是景宁人投资建设的。畲乡绿廊水利风景区规划创办“国际小水电培训基地”，向全世界推广中国小水电文化、普及水电科技以及输出小水电行业的开发管理模式，并运用图片、模型、多媒体、电影及综合技术集中展示景宁乃至全国小水电发展历史与成就，从而形成强劲的对外辐射能力，大力建设全域化的旅游大景区，促进人水和谐发展。

（二）衢州乌溪江水利博览园模式

浙江衢州乌溪江水利风景区是第十批国家级水利风景区，是我国东部亚热带水库型水利风景区的典型代表，属于Ⅰ类水质水源地保护区，对衢州市社会经济发展和生态保护发挥着至关重要的支撑作用。它的周边集聚着紫薇山国家森林公园、乌溪江国家湿地公园、药王山国家4A级旅游景区、烂柯山—乌溪江省级风景名胜区等众多著名旅游品牌，几乎所有功能类型的水利工程都在此集聚。乌溪江是我国流域梯级水利开发最完备的河流之一，是名副其实的“中国水利博览园”。在不到150平方公里的土地上，集中了黄坛口水库、湖南镇水库、灌溉金衢盆地的乌引工程（东、西干渠）及青石古堰等著名水利工程。据《民国衢县志》记载，衢江区有名称的堰坝共146处，分布在乌溪江、下山溪、芝溪和铜山溪等江溪上，其中南宋时兴建的乌溪江石室堰为较早见于史籍的一处。这些水利工程涵盖了水利枢纽、反调节、发电、供水、跨流域引水、灌溉干渠闸桥以及抽水蓄能等众多功能类型，是我国水文化实体型科普教育基地和水利工程类专业实践教学不可多得的理想场所。

黄坛口水库是新中国第一个中型水电站，被誉为“水利工程师的摇篮”。乌溪江引水工程，所形成的“乌引精神”，曾广为流传，激励着一代又一代水利人创新创业，为国家富强和民族振兴做出了巨大贡献。这些水利工程，对衢州市及浙中西部地区推进科学发展和建设生态文明发挥着越来越重要的作用。如今，围绕建设国家级水利风景区，这里大力推进“五水共治”与转型发展。保护区内禁止养畜禽，从制度和机制建设层面，实施最严格的水资源管理，积极推进水生态文明建设。健全水源地生态保护制度，完善区域滑坡泥石流防治技术规程及水土保持制度。制定与实施“生态养生林业”“洁水渔业”技术规范及（渔业合作社）经营管理制度，形成一套产业技术规范及相应的经营管理制度，为生态养生旅游发展提供坚实的物质技术保障。提倡“抓治水是本职，不抓治水是失职，抓不好治水是不称职”。注重强化群众环境保护和生态教育，废弃“谁破坏，谁治理；谁建设，谁受益”等传统口号，率先倡导“保护生态环境是责任，建设生态环境是义务，破坏生态环境是犯罪”理念。正是实施了最严格和最有效的环境管理制度，今天的乌溪江依然属于国家Ⅰ类水质的水源地。这里景区动植物资源丰富，利用乌溪江发展“洁水渔业”成效显著，鲟鱼养殖享誉海内外。有机茶、香菇、木耳等农林产品，品质一流。当地还制定全流域生态养生产业发展战略、空间布局及产业链发展规划，注重产业、旅游融合发展，着力延伸区域产业链，促进区域核心竞争力提升。植物精气、负氧离子是生态养生的两大重要资源，当地根据森林生态系统的植被类型和水文特征，界定出植物精气和负氧离子的空间分布特征，配套设计相应的养生旅游产品体系，推动传统的“森林人家”“渔家乐”“农家乐”转变为生态养生庄园（养生馆），实现转型升级。同时，景区内的湖南镇和黄坛口乡，正积极培育新型产业，推进科学发展，建设生态文明，实施新型城镇化。

按照发展规划，湖南镇的发展定位是生态旅游特色风情小镇，重点发展生态休闲养生度假旅游。黄坛口乡的发展定位是养老养生文化旅游镇，重点发展养老服务和养生美食旅游，将“生态移民、下山脱贫”与拓展新型旅游产业结合起来，推动当地农民脱贫致富奔小康。

（三）水库与城市河湖复合型桐庐富春江模式

桐庐富春江水利风景区位于富春江上游的桐庐县境内，是黄公望“富春山居图”的主体实景之一。富春江水力发电厂地处浙江省桐庐县境内，位于钱塘江中游富春江七里垅峡谷出口处，是一座低水头河床式日调节水电站，水库正常蓄水位23米，库容4.4亿立方米，总装机容量29.72万千瓦，多年平均发电量9.23亿千瓦时，主要担负华东电网调峰、调频及事故备用任务，同时还具有航运、灌溉、水产养殖、旅游、防洪及城市供水等综合效益。富春江水电站于1968年建成发电，总装机容量约 29 万千瓦，水库库容为 4.4 亿立方米；主要建筑物包括河床式厂房、重力式溢流坝和船闸等。

这里的富春镇是名副其实的水利制造业品牌集聚区，拥有以浙富集团上市公司为代表的制造水电轮机产业。浙富控股集团股份有限公司（简称“浙富控股”）是一家集团化运作、多元化布局、国际化经营的上市公司，旗下拥有多家子公司，业务领域涉及水电、核电、油气等诸多板块，目前已成为“以水电设备为核心，核电设备、特种电机为重点，国际经营与新兴产业战略投资协调发展”的大型企业集团。

令人称奇的是桐庐富春江出境水质优于入境水质。这充分说明桐庐富春江的自净能力和环境保护力度堪称一流。富春江上，七里扬帆水上旅游，富春江两岸都市生态休闲及滨水慢生活示范区，闻名遐迩。近年来，桐庐还先后荣获国际花园城市、中国最美县城、全国文明县城、国家园林县城等称号。

在桐庐富春江水利风景区的江南江北发展各有侧重。江南新城，突出的是现代服务业和新型居住概念的结合。从国家级森林公园大奇山脚的杭新景高速桐庐出口下，沿着迎春南路往北，鳞次栉比的大楼颇有上海陆家嘴的感觉。这就是桐庐江南新城迎春商务区，拥有立山国际中心、浙富大厦、中艺大厦等 20 多幢商务楼，是桐庐最重要的经济集聚区。截至 2014 年 11 月，累计入驻企业 567 家，被评为浙江省现代服务业集聚示范区。而在江北老城，结合“三改一拆”，正在实施浮桥埠、开元街等区块改造提升，通过老旧小区、物管提升、里弄小巷、老旧住宅改造等“四改联动”，实现老城区有机更新。

桐庐城市建设还有一大亮点，就是依托国家级水利风景区富春江推进产城融合。刚刚开建的富春山健康养生城，规划总面积 38.5 平方公里，以健康养生服务业为核心，规划形成“一城六区，多组团支撑的星座式”结构，成为一个生态健康产业旅游融合体。2014 年成立的富春江科技城，是杭州科技西进、文创西进，提高创新型经济发展能力的主战场。在它的影响下，桐庐科技型企业招引和人才集聚也步入快车道。目前，浙江工商大学杭州商学院已开工建设，中国美院桐庐校区、上海瑞金医院桐庐分院有望落户。此外，桐庐还在富春江镇芦茨村建设首个乡村慢生活体验区，芦茨、茆坪、石舍三个古村的慢饮食、慢读书、慢创作、慢运动、慢旅游等慢节奏生活正吸引着越来越多的游客。

三、提升水利风景区的对策与建议

一是提高科学认识，丰富水科学发展内涵。浙江人在长期的生产实践中积累了丰富的治水经验，并以“节水优先、空间均衡、系统治理、两手发力”的科学治水思想为指导，总结形成了一套治水理论及一整套规范程序与工作方法，具体内容包括：

一个生命共同体：山水林湖田是一个生命共同体。

两山理论：绿水青山就是金山银山。

三大水利：民生水利、生态水利、旅游水利。

四个协同：建一项工程、成一个景区、带一片城乡、富一方百姓。

五水共治：治污水、抓节水、防洪水、排涝水、保供水。

六大功能：维护水工程、保护水资源、改善水环境、修复水生态、弘扬水文化、发展水经济。

二是完善景区管理，积极推进水融合发展。深化体制改革，健全水利管理体系。新形势下，水利风景区管理必须克服条块分割、多头管理与效率低下的困局，按照“四个全面”和“五位一体”的战略要求寻求突破。我们认为，贯彻落实国家公园体制，是彻底解决水利风景区管理体制的根本出路。加强科技创新，促进水利科学发展。水利风景区建设与发展，需要依靠包括生态科技、生物科技及信息科技等在内的科技，还需要创意设计，打造新模式、新业态、新产品和新体验，才能实现可持续发展。深化融合发展，提升水利服务功能。加强资源整合，构建水利旅游融合体。进一步明确山水城市目标导向，提升山水城市生态系统健康水平，优化山水城市和美丽乡村的海绵功能，提升减灾防灾能力，全面推进区域生态文明。

三是坚持示范引领，促进水利风景区提升。第一，明确目标导向，建立健全激励机制，实施示范工程，铸造景区品牌，引领水利风景区全面发展；第二，强化监管力度，严格管理，动态考核，优胜劣汰；第三，强化产品设计，立足于不同的水体类型，以旅游产品的环境效应评估为标准，以生态环境保护为前提，根据水利旅游目的地条件，针对市场需求科学规划设计刺激挑战型江河湖“面”旅游产品、人文体验型江河湖“面”旅游产品、娴雅舒适型江河湖“面”旅游产品及温泉养生型休闲度假旅游产品等；第四，严格保持水利风景区生态环境容量与旅游开发活动的协调统一，在保护的前提下实施开发，通过科学有效开发促进生态保护，实现开发与保护的有机统一；第五，加强对景区游客和从业人员的生态环保意识教育与生态旅游方式的引导；第六，加强对水利旅游基础设施、游乐设施及服务设施的监督与管理，确保水安全和安全；第七，大力发展生态产业，推进调整与优化区域产业结构，积极探索创新流域生态补偿机制，妥善处理库区搬迁安置的失地农民，通过拓展休闲旅游产业实现扩大就业，切实有效维护这些原住民的切身利益；第八，大力创新与应用推广生态旅游方式与低碳旅游技术，依靠科技进步大力发展文化旅游与乡村旅游，丰富水利旅游产品，壮大水利旅游产业；第九，科学发展水利旅游，积极创建山水城市，追求“山清水秀景美城丽文化璀璨”，大力推进水利融合发展，努力创新“水利+”模式，把切实提高人民群众生活品质作为重要目标。

四是拓展养生旅游，繁荣水文化与水经济。一流的水质，是实现品质生活和开展养生旅游的重要保障。养生旅游作为融合养生文化、养生产业和生态旅游方式为一体的一种体验式旅游形式，它与国际上近年来所提倡的健康旅游和医疗旅游有着重要区别。养生旅游更注重卫生的源头、过程和主动预防。从一定意义上说，养生旅游可以涵盖健康旅游和医疗旅游。更为重要的是，养生旅游不仅渗透着深厚的中国传统养生文化积淀，而且承载着高度发达包括中医中药在内的养生产业技术基础。

水利风景区是发展养生旅游的重要载体之一。一流的水质、优美的环境、健康的生态、璀璨的文化、繁荣的经济、可口的美食及和谐的社区，这些都是养生旅游必不可少的重要内容。这也正是水利风景区六大功能（维护水工程、保护水资源、改善水环境、修复水生态、弘扬水文化、发展水经济）的目标诉求高度一致的表现。

养生旅游与生态产业、生态文明以及贯彻科学发展观高度相关，必将有效促进水利风景区的生态产业、循环经济、生态旅游和生态文明以及和谐社会的构建，因而意义特别重大。

第四节　景宁畲乡绿廊水利风景区发展实证

一、景区概况

（一）区域资源优势得天独厚

畲乡绿廊国家水利风景区位于景宁畲族自治县境内，这里是瓯江源头地区、中国农村水电之乡还是浙江省主体生态功能区实验区。景区以瓯江源头的小溪和鹤溪为依托的自然河湖型水利风景区，范围包括小溪上游沙湾镇沙湾水电站坝址（待建）至外舍汇田大桥段及鹤溪三枝树下游段，规划总面积 86.93 平方公里，其中水域面积 8.25 平方公里，距省会城市杭州约 259 公里，距浙西南中心城市丽水市区约 80 公里，距“鹿城”温州 125 公里，紧邻浙江省第二大人工湖——千峡湖。这里是景宁县生态休闲养生（养老）旅游区的重要组成部分。

（二）文化产业旅游融合发展

景区内汇聚了“中国畲乡之窗”国家4A级旅游景区、农村水电站工程、畲族博物馆等众多旅游景点，周边集聚着千峡湖、云中大漈景区、炉西峡、九龙地质公园众多旅游资源，风景资源种类繁多、内容丰富。依托小溪沿岸优异的自然景观，畲族文化与小水电等特色资源，省级特色镇外舍凤凰古城、沙湾镇等重要集镇，伏叶农家乐等特色乡村，构建滨水休闲养生基地—休闲长廊（绿道）等特色游线，以休闲养生（养老）度假为发展方向，打造“畲乡绿廊，养生福地”品牌，致力发展为“华东地区有重要影响力的国家级水利风景区、具有典型民族（畲族）特色的全国养生福地”。宣传口号：工艺景宁，水上凤凰，畲乡绿廊，美食天堂。

景区形成“一心六区十景”的空间布局。景区将散落分布的风景资源串联起来，形成“一心六区十景”的空间布局。“一心”为鹤溪旅游综合接待中心，位于景宁老城区，县政府所在地，为景宁人口集聚区和政治、经济、文化中心。“六区”为魅力畲寨度假区、凤凰古镇休闲区、水电科普展示区、畲乡风情体验区、水电工程博览区、沙湾小镇养生区。“十景”为鹤溪文博、廊桥映月、凤凰古镇、魅力畲寨、绿道彩虹、梦幻畲乡、伏叶农家、畲乡之窗、水电博览、沙湾新月等景观。这些代表性景观分散在景区内的六个区域，囊括文化、人文、工程、水文等水利风景资源，各具特色又相互映衬，是景区内民俗风情与自然景观的集中体现。这里，畲族文化风情、城镇村、农林渔业、养生养老以及水电产业科技多元融合发展，呈现勃勃生机。

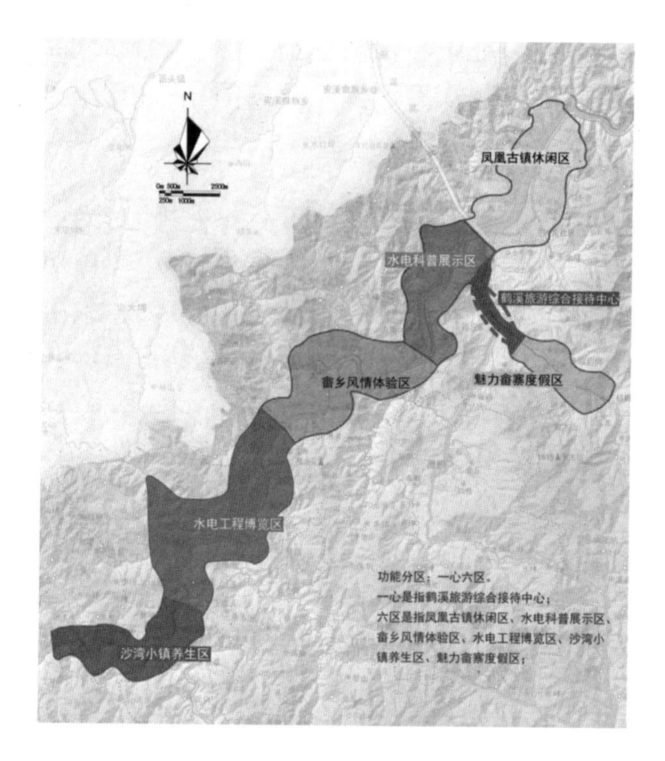

图 4－5　一心六区

图 4－6　畲乡绿廊十景

二、发展历程

为进一步强化畲乡山水环境的保护、利用和推动生态文明建设进程，景宁于2014年提出了创建国家水利风景区的目标，县政府成立了水利风景区建设与管理领导小组，分管水利副县长任组长，县府办、千峡湖景宁开发管理处、旅游局、水利局等单位负责人任副组长，相关部门、乡镇（街道）分管负责人任成员，并明确成员单位工作职能，组织保障体系得到进一步健全。同时，明确景宁畲族自治县水利发展有限公司为景区建设运行机构，公司内设办公室、建设部、经营部、财务部等部门，负责景区的开发、规划、建设、管理等工作。为推进水利风景区的科学、可持续发展，根据《水利风景区管理办法》要求，委托专业设计单位编制了《畲乡绿廊国家水利风景区总体规划（2015—2030）》，并通过专家评审和政府部门批准。规划明确景区建设分近、中、远三个阶段进行，规划总投资约44.1亿元，近期（2015—2017）主要开展鹤溪综合游客服务中心、凤凰广场、千年山哈宫、水利风景区提升等项目建设，中期（2018—2020）主要开展滨水公园、国际小水电中心景宁示范基地、小溪流域梯级开发（前期）等项目建设，远期（2021—2030）主要开展外舍休闲渔业中心、沙湾养生小镇等项目建设。根据发展壮大生态旅游和养生养老服务业等绿色产业的总体思路，景宁加大投入，加强旅游接待、水电通信、安全保障等配套基础设施建设，景区内建成了旅游接待中心、畲乡鸿宾大酒店（四星级）、畲族民俗陈列馆、水上派出所等设施，形成了功能齐全、布局合理、质量合格的服务体系。未来还将开工建设西汇民族风情度假村、梦幻畲乡旅游度假区等一批大型旅游项目，进一步提升景区接待能力和品牌竞争力。

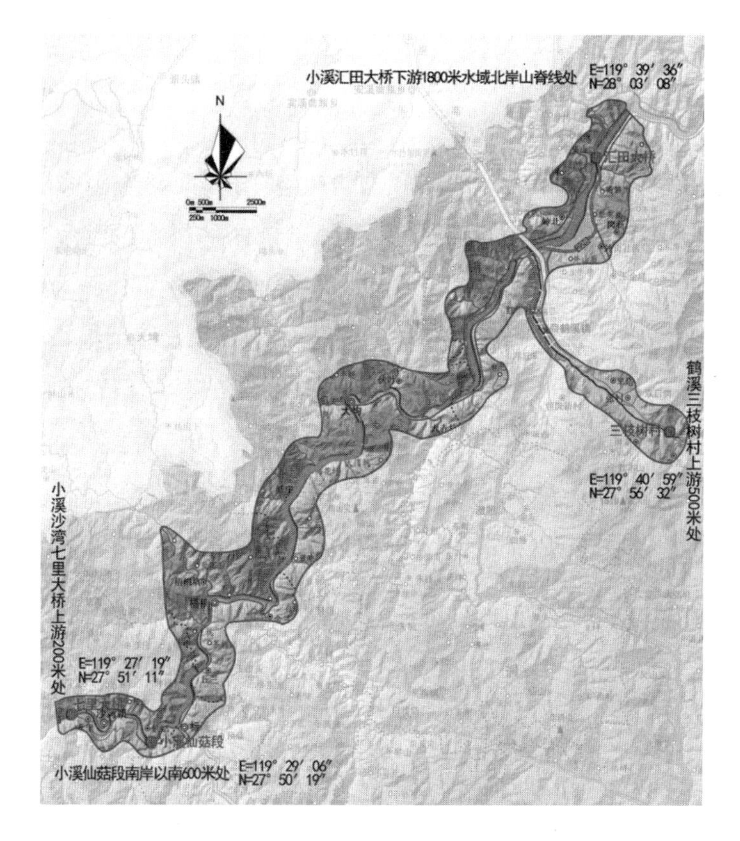

图 4－7　畲乡绿廊水利风景区范围及四至点分布图

（一）基础开发阶段

畲乡绿廊国家水利风景区，紧紧围绕“畲族文化总部”发展目标，借“畲族文化资源”发展“水利风景旅游”事业，融“畲族风情”于“畲乡绿廊水利风景区”创建之中，共同推进畲乡生态休闲养生（养老）业发展。在景区发展规划中，畲族元素与山水元素等同布置，坚持文化引领，充分挖掘和弘扬传统建筑、民族及山水文化，着力打造小而特、精而美的“中国畲乡·小县名城”品牌。从2000年开始，景区陆续开发了漂流、游泳、畲歌比赛与畲族婚假风情旅游演艺等系列旅游产品。特别是“畲族三月三”活动和“千年山哈”大型演出获得全国金奖的有力推动，景宁星级酒店与农家乐发展成效明显，旅游接待能力空前提高。基础设施建设卓有成效，景区内从外舍至沙湾的省级公路，已经得到提升；景宁高速建成通车后，2015年年底金丽温高铁建成并通车运行，景区周边的交通环境得到空前改善。这里也是中国廊桥之乡，景区系列廊桥的保护工程已经基本完成。

（二）稳步发展阶段

“十二五”以来，随着千峡湖水库深度开发，外舍新区加快建设，澄照副城全面推进，景宁县城空间南拓北进，由鹤溪时代迈向瓯江小溪时代，形成以外舍新城为凤首、鹤溪老城为凤体、人民路东南延伸带和澄照副城西南延伸带为两翼、小溪鹤溪缠绕串联各城市组团的“一体两翼，双龙汇聚，凤舞畲乡”的山城空间意象。畲乡绿廊水利风景区依托优越的山水生态和特色文化，积极探索中国山水城市标准，把“创建景宁生态山水城市”作为目标导向。景区以“中国畲乡之窗”国家4A旅游景区为标志，景区步入稳步发展阶段。随着旅游集散中心的建成，与交通网络工程配套，特别是彩带绿道工程的竣工投入使用，以及伏叶农家乐、娃娃鱼养殖等相关产业发展，这里的水利旅游稳步发展。先后完成的畲族文化体验博物馆、鹤溪镇外立面改造、鹤溪河小溪的五水共治并兴建完善了一批廊桥（包括鹤溪河系列廊桥、小溪梧桐廊桥和绿道廊桥），蔚为壮观。

（三）品牌提升阶段

按照“维护水工程、保护水资源、改善水环境、修复水生态、弘扬水文化、发展水经济、协调人水和谐”的理念，大力开展水利风景区创建工作，明确畲乡绿廊为首个国家水利风景区创建点，着力整合畲乡民俗旅游资源和水景观水文化资源，做活“山水”文章，丰富生态休闲养生产业内涵，推动区域经济社会绿色发展和跨越发展；以“国家水利风景区、全国生态养生福地”为形象定位，立足“生态环境保护、生态养生旅游、水文化教育科普、防洪抗旱减灾”等功能定位，构建“山水观光、养生养老、休闲度假、文化体验”等产业领域，致力发展成“华东地区有重要影响力的国家级水利风景区、具有典型民族（畲族）特色的全国养生福地”，争创国家级水利风景区示范工程、浙江省“五水共治”示范区、中国养生旅游示范区及国家生态旅游示范区、国家生态山水城市等品牌。主要体现在：一是景区将依托废弃的矿场，联合相关机构创建“国际小水电培训中心”，发挥中国水电之乡品牌和产业技术优势，开展培训科教旅游，实施对外辐射。二是投资数十亿的外舍凤凰古城已经建成。这里是省级特色小镇，也是新型城镇化的样板工程。三是将以“全国少数民族工艺品博览城”核心功能和大型水上演艺为主要产品的外舍城区，将成为景区重要的增长极。四是景区还将依托民族医院和景宁生态文化优势，大力发展养生旅游融合体，铸造华东养生福地品牌。五是有效整合环敕木山旅游度假区（千年山哈宫和十个原始畲族村寨）、鹤溪镇及外舍新城，积极创建国家5A级旅游景区。

三、建设成效

（一）增进民族团结与弘扬景宁精神

畲族文化是景宁的重要民俗风情，也是景宁发展旅游的最大特色资源。长期以来，畲族歌舞、服饰、语言、习俗等畲族民族传统特色文化得到较好的传承和发展。特别是畲族自治县自设立以来，畲族风情得到了进一步发扬和挖掘，现拥有国家级非物质文化遗产名录2项，省级名录19项，市级名录33项，被文化部命名为“中国民间艺术之乡”（畲族民间歌舞）。一年一度的“中国畲乡三月三”活动成为畲乡重要民族文化窗口，被国际节庆协会评为“最具特色民族节庆”。大型畲族风情舞蹈诗《千年山哈》于2012年代表浙江省参加第四届全国少数民族文艺会演，并获得表演金奖。

景区围绕“全国畲族文化总部”发展目标，借“畲族文化资源”发展“水利风景旅游”事业，融“畲族风情”于“畲乡绿廊水利风景区”创建之中，共同推进畲乡生态休闲养生（养老）业发展，呈现“畲族风情”与“山水资源”比翼齐飞的美好景象。一是在项目布局上，景区将畲族元素与山水元素等同布置，景区空间布局主要以畲族文化资源为依托。建设中也以畲族特色项目开发为主要抓手，着力打造凤凰广场、千年山哈宫、滨水绿道、桥系改造等畲族特色旅游项目，积极创建全国唯一、独具畲族特色的生态休闲养生（养老）福地。二是有效落实了最严格的水资源管理制度和浙江省委省政府“五水共治”举措，促进了人水和谐，进一步发掘水文化和畲族民俗文化，提升畲乡景宁的休闲养生旅游品质和内涵，初步实现对畲乡优异水利风景资源的科学保护和合理开发利用，较好推进景宁生态文明建设和“中国畲乡·小县名城”的创建。

畲族文化氛围日渐浓厚，畲族风情将成为畲乡景宁经济社会腾飞发展和各项事业发展的“助推器”。围绕“全国畲族文化总部”发展目标，借“畲族文化资源”发展“水利风景旅游”事业，融“畲族风情”于“畲乡绿廊水利风景区”创建之中，共同推进畲乡生态休闲养生（养老）业发展。在景区发展规划中，将畲族元素与山水元素等同布置，畲乡绿廊景区“六区十景”空间布局中的“魅力畲寨度假区、凤凰古镇休闲区、畲乡风情体验区”三个区域和“鹤溪文博、凤凰古镇、魅力畲寨、梦幻畲乡、畲乡之窗”五个景点都以畲族文化资源为依托。同时，在规划建设中也以畲族特色项目开发为主要抓手之一，凤凰广场、千年山哈宫等畲族特色旅游项目投资约 21 亿元，占规划期投资的 48%。其中，千年山哈宫位于畲乡绿廊水利风景区的“魅力畲寨度假区”，规划占地约 25 亩，其目标为将千年山哈宫打造成“中国畲族朝圣问祖殿堂”，为全国人民建造一个畲族祭祀文化传承与体验基地。

（二）推进科学发展与实现生态效益

景宁是浙江“八大”流域中的飞云江、瓯江源头县，为保护好优质的山水环境和确保为下游输送一江清水，景宁高度重视河湖治理和水生态保护，特别是自“五水共治”战略部署实施以来，景宁多措并举，不断完善长效管理工作机制，使得水利风景区内的水环境得到有效保护。将出境水质纳入政绩考核范围，坚持生态水利导向，把生态文明理念融入水资源开发、利用、配置、治理、节约、保护的各方面和水利规划、建设、管理的各环节，坚持节约优先、保护优先、恢复优先；严格控制开发强度，划定生态红线，逐步减少各类建设和开发活动占用的国土空间，保障生态系统的良性循环，严格控制区域人口总量和密度，促进人口向其他区域有序转移；加强生态环境修复，加大对生态环境建设投资力度，加强生态公益林建设，进一步提高森林覆盖率，逐步降低生态退化国土面积比例，加强水土流失治理，降低自然灾害损失；保持生态系统完整性，加强新增公路、铁路等建设项目生态影响评价，尽可能减少对生态环境的影响和破坏。在有条件的重点生态功能区之间，通过水系、绿带等构筑生态廊道，强化了区域主体生态功能。“十二五”以来，景宁紧紧围绕“水生态文明”建设总体要求，强化水生态文明建设理念，全面深化水利各项改革，大力推进生态水利工程建设。把水生态文明理念融入水利建设谋划当中，为水利风景资源的科学开发利用布好蓝图；对小溪及鹤溪河等流域投入近 6 亿元，开展独流入海治理、中小河流治理、滨水设施及景观改造等水生态环境治理、保护工作，建成外舍防护工程、鹤溪河生态堤防、亲水景观堰坝、彩带绿道慢行系统工程以及实施外舍生态修复工程等一大批既能发挥防洪减灾功能又能强化生态保护的高品质水生态示范工程，为科学发展和持续发展打下坚实基础。

2013 年，浙江省委十三届四次全会做出了“五水共治”决策：治污水、防洪水、排涝水、保供水、抓节水。水利部印发《关于加快推进水生态文明建设工作的意见》，明确提出要加快推进水生态文明建设。景宁积极贯彻“保护水资源，维护水工程，治理水环境，修复水生态，美化水景观，弘扬水文化，发展水经济”的原则，科学发展水利旅游。景宁的具体措施如下：一是抓项目建设推进水环境整治，通过项目建设，整治河道50余公里，河道水环境和保障能力得到显著提升。二是抓巡查维修确保水工程安全运行，结合水利风景区创建落实日常巡查制度，建立“水工程运行档案”，实现景区安全运营。三是抓机制建设实现景区保洁常态化，以河道“河长制”为抓手，强化保洁队伍建设，落实河道保洁人员100余名，做到景区处处有河道保洁员和监督员。四是抓河道“三化三美”治理打造市民亲水线，积极开展景区河道专项清理工作，河道水体修复与景观建设成效显现。五是抓机制创新开创河道管理新局面，积极探索河道保洁、管护新模式，创建数字河道，全面建立“河道警长制”，重拳打击涉水犯罪维护景区秩序。作为浙西南重要的生态屏障，景宁是有名的“生态之乡”。境内山高林茂，生物群落多样，水资源丰富且水质优良，95%的地表水水质达到国家Ⅱ类以上，森林覆盖率高达77.9%以上，生态环境质量评价连续多年位列全国第五，2012年荣获“浙江省森林城市”称号，继而被列为浙江省“主体生态功能区”实验区。景宁是浙西南生态休闲养生旅游黄金目的地，拥有“云中大漈”“中国畲乡之窗”两个国家4A级景区及“华东第一峡”炉西峡、“华东最大高山湿地”望东垟高山湿地、省级地质公园九龙湾遗址、“千峡湖”等一批优质旅游资源，先后荣膺“中国国际旅游文化目的地”“中国最佳民族风情旅游县”“中华最佳文化生态旅游胜地”等称号。

（三）推进和谐发展与实现社会效益

今后，景宁将根据水利风景区建设相关要求和《景宁畲族自治县县域总体规划》《景宁畲族自治县畲乡绿廊水利风景区总体规划》等规划成果，按照“建一片成一片、治一条成一条”的目标，以流域为单元深入开展瓯江小溪流域景宁段系统整治等水生态保护和修复、水景观工程建设，进一步强化流域系统保障能力。强化水文化教育传播，在滨水绿道景点内创建国际小水电培训中心、全国农村小水电运营管理培训示范基地和农村小水电博览馆，利用景宁的农村小水电资源和发展史对外进行辐射，打造华东乃至全国的水电文化展示、科普教育、会议培训的集中区域，实现水利风景区绿色发展、科学发展与跨越发展。

（四）推进持续发展与实现经济效益

小水电是景宁最大的无烟工业，是绿色经济的一个重要组成部分。2004 年，水利部授予景宁畲族自治县“中国农村水电之乡”称号，形成了景宁特色小水电文化。全县现建有小（2）型以上水库 44 座，其中中型水库 3 座（英川、上标、白鹤水库），小（1）型水库 9 座，小（2）型水库 32 座。小山塘 186 座，其中 1 万～10 万立方米之间的山塘 86 座，2000～10000 立方米山塘 100 座。结合景宁的小水电文化，畲乡绿廊水利风景区拟创办国际小水电培训基地，推广中国小水电的经验，探讨新时期小水电行业的开发管理模式，运用图片、模型、多媒体、电影及综合技术集中展示景宁乃至全国小水电发展历史与成就，从而形成强劲的对外辐射能力，大力建设全域化的旅游大景区，促进人水和谐发展。

有效改善当地水环境、水景观，极大丰富生态养生旅游内涵，景区现已成为都市游客休闲养生度假的新型目的地。有序推进外舍凤凰古镇、五星级大酒店及配套工程、畲族风情旅游度假区等生态休闲项目；扎实推进农村危旧房改造，村民居住环境、城乡面貌有所改善。有效推动景宁当地旅游事业发展，使旅游项目从单一的观赏，拓展到以水为主题的吃、行、游、购、娱等多方面，客源市场也逐渐从丽水周边延伸到杭州、上海、福建等地，在华东旅游圈的辐射力和影响力越来越强，景区旅游接待量和旅游收入不断攀升。充分利用“五水共治”改革成果，在保护水利风景资源的基础上，积极发展以水为主题的休闲养生旅游，创建水环境优异、水文化突出、水产业丰富的水利风景示范品牌。

通过仙菇养生度假村、半月沙湾风情小镇、渤海梅坑环湖垂钓基地等项目建设，以水为主线将乡村观光、农家乐、养生民宿等串联起来，形成产业集聚，带动乡村旅游发展，促进农业农村发展和农民增收致富。2015 年，整个景区共接待游客约 200 万人次，比上年增长 11%，旅游收入大幅增长，带动了旅游相关产业链的发展，促进了景宁当地经济社会的跨越、绿色发展。

四、基本经验

（一）理念创新：秉承创新、协同、开放、绿色、共享五大发展新理念

秉承创新、协同、开放、绿色、共享五大发展新理念，打造一个生命共同体，践行两山理论，实施三个水利并举，坚持四大目标导向，贯彻五水共治，全面推进水利风景区建设。具体内容：一是打造一个生命共同体。水利风景区建设及相关产业发展要维护山水林湖田生命共同体的健康持续发展。二是践行“两山理论”，既要绿水青山，也要金山银山。三是实施三个水利并举，就是齐头并进大力发展生态水利、民生水利和旅游水利。四是坚持四大目标导向，建一项工程，成一片景区，带一片城乡，富一方百姓。五是贯彻五水共治，即治污水、防洪水、排涝水、抓节水和保供水，确保实施最严格的水资源管理制度。

（二）“五水共治”：强势推进水科学发展和生态文明

五水共治，成效显著。浙江省实施“五水共治”，全面治理水环境，倒逼产业转型升级，加快生态文明建设，为水利风景区创建注入了强有力的政策机制，有助于水利风景区建设过程生态环境的进一步优化和水利风景资源“绿色”优势的进一步凸显，实现水利风景区推动区域经济社会绿色、持续发展。坚信绿水青山就是金山银山。明确提出，

"抓治水是本职，不抓治水就是失职，抓不好治水就是不称职""绿水青山常在，民生小康景宁"。

畲乡绿廊水利风景区以"五水共治"为契机，创新旅游水利，打造"洁净源头、养生绿廊"景区；以生态文明为指引，发展民生水利，促进"秀美景宁、生态绿廊"；以项目为抓手，不断完善各项生态基础设施建设，推进示范景区品牌创建，促进乡村旅游发展，打造休闲养生宜居城乡，积极开展水生态修复工程及农村全覆盖的供水工程。目前，景区顺利推进外舍污水处理系统工程、鹤溪河治理工程、外立面美化工程、垃圾填埋场二期、畲乡滨水养生基地（休闲长廊）、沿河休闲景观等重点项目。景区干部群众的生态意识得到明显增强，生态文化和生态文明建设得到有效推进。

（三）管理创新：景区统分结合协同治理

景区定位于景宁旅游的龙头地位和牵引作用，科学规划引领，依法推进景区保护与开发利用。景宁结合国家公园体制研讨，积极探索景区管理模式创新，成功实施了政府主导与市场主体有序协同，管理、建设与运营有效分离的管理运营模式，简称统分结合协同治理。具体内容包括：政府重点强化水资源的严格管理、科学规划和规范发展，改革成立了水利发展有限公司（国有企业），理顺水利建设投融资管理体系和水利工程建设管理体制，为水利风景区搭建了建设运营主体，负责整合相关资源，推进景区建设，并统筹协调各个景点经营（由乡镇村和业主负责）。这种模式较好地解决了景区范围广、业主多元化和类型多样化的管理建设和运营问题，有效调动了各方面的积极性，更重要的是保障了当地村民的切身利益，体现了景区建设造福当地百姓的宗旨。

（四）模式创新：高起点铸造水利旅游融合体模式

所谓"水利旅游融合体"，是指在特定空间范围内依托绿水青山的优美自然生态环境、具备核心价值的优秀人文资源和具有品牌价值的优势产业资源的集聚整合为旅游吸引物，依据融合发展、绿色生态、创新驱动、主客共享及联动辐射的原则，以文化体验、休闲娱乐、度假养生为导向，以打造能够满足游客“吃、住、行、游、购、娱、商、体、养”九大需求的复合型旅游产品为核心，以促进当地社会经济文化生态协同发展为目标，“文化、产业、水利、旅游”多元融合的多功能、多业态、深内涵、重体验的融合发展集聚区。系列化水利旅游融合体，以优质的山水景观、系列化水利工程、系列古城古街和有机农业、水产养殖业等为主要旅游吸引物，坚持“绿水青山就是金山银山”的理念，通过水利旅游充分发挥绿水青山的旅游经济价值。景区建设系列化水利旅游融合体，满足了游客“吃、住、行、游、购、娱、商、体、养”的九大需求。主要内容包括：梧桐沙湾水乡养生旅游融合体、大均中国畲乡之窗旅游融合体、水电科普教育旅游融合体、外舍凤凰古城工艺文化旅游融合体、鹤溪镇滨水休闲文化体验旅游融合体及环敕木山文化养生旅游融合体等。

畲乡绿廊水利风景区是瓯江源头的主体生态功能区建设的重要组成部分，是关系到民族地区全国唯一畲族自治县、华东地区唯一民族自治县的科学发展、持续发展和和谐发展的重要支撑，具有重要意义。该景区在建设理念、五水共治方式、管理模式以及水利旅游融合体创新探索方面做出了显著成绩，对全国类似景区的建设和发展具有重要的现实意义和借鉴价值。今后该景区需要进一步贯彻创新、协同、开放、绿色、共享的发展理念，深化协同生态保护和经济开发，全面推进水利文化体验产品开发，打造国际小水电培训中心，完善管理体系和服务体系。铸造畲乡绿廊养生旅游品牌，规划设定的发展目标是一定能够实现的。

第五节 康美河湖公园的概念与实践探索[①]

2020 年全国水利工作会议要求：推动水利风景区建设提质增效，促进新时代水利风景区高质量发展，为满足人民对“防洪保安全、优质水资源、健康水生态、宜居水环境、先进水文化”的需要，提供更多优质水利生态产品，满足新时代生态文明建设需要，切实在推进健康中国、美丽中国和乡村振兴战略中发挥更大作用。

一、水利必须在推进生态文明和健康美丽中国建设中发挥重大作用

水是生态之基、生命之源、生产之要、康美之魂。水的质量是一个流域生态健康与美丽的重要标识，也是维持生命共同体的重要保障，更是区域社会经济发展繁荣的重要支撑。结合浙江省“五水共治”，我们体会到，关于水生态环境保护与利用“问题在水里，根子在岸上”。换句话说，一个流域的产业结构改善，生产方式、生活方式和消费方式的优化才是解决治水问题的根本。因此，“就水治水”是做不好水利这篇大文章的。水利需要全面协同与深入贯彻健康中国、美丽中国和乡村振兴战略，加快建设“健康美丽河湖”造福流域，在推进生态文明伟大工程中发挥重大作用。水利部除了做好保护水的文章，更要做好利用水的文章。水利部门的重要职能是要“利用水”，要大力发展生态水利、民生水利、旅游水利、康美水利。水利要求融入区域发展战略规划、国民经济和社会发展“十四五”规划，要科学合理地解决好用水支撑生

① 基金项目：九华黄精康养产业研究院安徽省院士工作站立项课题的部分成果。本项目得到景区办、中国生态学学会、安徽省梅山水库、浙江省衢州市衢江区水利局和杭州市建德梅城镇人民政府等单位的大力支持。胡晓聪副教授、杨林副教授、王可讲师等参与相关规划编制工作，一并致谢。

态文明建设、区域发展战略和产业结构，"以水定向、以水定产、以水定盘"，以水兴城富民，用水为民造福。用水服务健康中国、美丽中国和乡村振兴。

大力发展民生水利、生态水利、旅游水利、康美水利。新时代水利要在推进生态文明和乡村振兴伟大工程中发挥更重大的作用。要强化健康中国与美丽中国两大战略融合，运用水利风景区的工作基础，积极探索"康美河湖公园"，谱写水利创新发展新篇章。康美河湖公园，体现社会公益性和水利人的社会服务与卓越贡献，是一项具有战略意义的惠民富民工程。特别值得关注的是，它体现在传承生态文化和发挥优质水资源拓展康美产业方面，主动出击奋发有为。因此，康美河湖公园是水利风景区的"升级版"。新时代水利风景区需要战略引领与典型示范。"康美河湖"充分体现了水利部门积极主动服务于健康中国和美丽中国，体现了"康美之魂"的水利资源优势和特色，也体现了新时代水利人的责任和使命担当。"康美河湖公园"需要顶层设计，更需要科技支撑。水利部景区办、中国生态学学会和九华黄精康养产业研究院安徽省院士工作站联合完成《康美河湖公园评价标准（草案）》，已在进行专家论证。水利人敢为人先，正在按照新时代生态文明建设要求，积极开展"康美河湖公园"创新试点。

深入贯彻落实新时代水利工作方针，以"绿水青山就是金山银山"理论为指导，紧密结合生态水库、生态廊道、滨海水城、黄金水道、美丽河湖、河川公园等实践探索和行动计划，以补齐防洪薄弱短板、加强生态保护修复、彰显河湖人文历史、提升便民景观品位、提高河流管护水平为主要抓手，统筹谋划河湖系统治理与管理保护，努力打造"水网相通、山水相融、城水相生、人水相亲"的健康美丽河湖，依托水资源大力拓展美丽经济和康养产业，加快构建具有地方独特韵味的诗画水乡、秀丽河川、魅力水城的康美河湖公园新格局，基本建成平台统一、机制健全、运行规范、监控全面、处置及时的康美河湖公园现代化管理体系，实现人水和谐、人水相亲的目标，在区域生态文明建设的伟大工程中发挥示范带动作用。利用优质水资源，努力拓展康美产业。康美产业是以维护和促进人类身心健康为目标的产业，涵盖了全生命周期的健康服务和产品需求，具有覆盖面广、产业链长、就业率高、增长确定性强等特点，具有十分广阔的发展前景。

二、康美河湖公园的概念

（一）康美河湖公园概念的提出

康美河湖公园，是指贯彻习近平生态文明治水思想，坚持统筹推进健康中国、美丽中国和乡村振兴三大战略，以“康美河湖、造福流域”为目标。落实“两山转化”理念，遵循“双循环”要求，充分发挥水利在生态文明建设中的重大作用，加快建立满足流域生态经济良性循环系统，保障水安全、修复水生态、改善水环境、美化水景观、弘扬水文化、繁荣水经济和完善水管理，大力发展康美产业，打造“造福流域”具有示范引领功能的河湖典型区域。康美河湖，造福流域。这里的康，指健康、小康；这里的美，指美丽美好。这里的公园，指贴近城市居民点，为人民群众提供公益性休闲旅游康养生活场所，提高人民幸福生活质量。康美河湖公园、康美河湖示范区体现了当代水利人的创新精神和使命担当。贯彻落实习近平总书记提出的“把每一条江河都建设成为造福人民的幸福河”。幸福河的内涵应该包括河湖健康和人民幸福两个方面。幸福是对人类而言的，幸福河就是河流在维持自身健康的基础上，能为整个流域的人民持续提供优质的生态环境和社会服务，提高人民的安全感、获得感和幸福感，能支撑整个流域经济社会高质量发展的河才是幸福河、造福河。“康美河湖，造福流域”，就成为必然选择。要将康美河湖公园作为水利风景区提质增效的重要路径进行了全方位探索，试图创造高质量发展的重要示范样本。

（二）《康美河湖公园评价标准》编制的思路和框架

我们加强战略引领，发挥科学规划的指导作用，着力构建与实施6S技术体系，具体内容包括战略目标导向系统、公园文化建设系统、康美产业支撑系统、循环经济技术系统、品质服务配套系统及流域治理保障系统等六大方面，其目的就是要强化“康美河湖、造福流域”科技支撑[3]。《康美河湖公园评价标准（草案)》编制思路，按照康美河湖公园概念，结合水利风景区提质增效和高质量发展的要求，针对《水利风景区评价标准》（SL300－2004)，结合康美河湖公园6S技术体系，注重与水利部河长办发布的《河湖康美评价标准指南（试行)》相衔接，借鉴行业最新研究成果，尝试进行系统化创新设计。课题组结合6S技术体系，进行了系统化创新设计。标准总分240，总体评价分达到160分及以上，具备（自治区、直辖市）省级康美河湖公园条件。总体评价分达到200分及以上，具备国家级康美河湖公园条件。《康美河湖公园评价标准（草案)》具体指标体系见表4－2。

表4－2　康美河湖公园评价标准（草案）指标体系

一级指标	二级指标	三级指标
战略目标导向系统(40分)	流域治理战略定位(13分)	贯彻习近平生态文明治水思想，践行“幸福河湖、造福流域”，敢为人先，打造具有示范引领功能的样板工程。
	区域协同发展战略(13分)	健康中国、美丽中国和乡村振兴三大战略协同推进。跨区域整合优势资源大力发展康美经济和循环经济有可行的方案。
	康美河湖公园发展战略(14分)	明确战略定位，针对发展民生水利、生态水利、旅游水利和康美水利，提出系统化的战略措施和创新性思路。

续表

一级指标	二级指标	三级指标
公园文化建设系统（40分）	水文景观（10分）	种类、规模、观赏性。
	地文景观（5分）	地质构造典型度、地形、地貌观赏性。
	水利工程景观（10分）	主体工程规模、建筑艺术效果、工程代表性。
	人文景观（10）	水文化资源丰富度，历史遗迹、纪念物、重要历史人物、重大事件、民俗风情、建筑风貌、文化科普和研学。
	风景资源组合（5分）	景观资源空间分布、景观资源组合效果。
品质服务配套系统（40分）	区位条件（5分）	地理位置、区位优势、区域协同。
	经济社会条件（6分）	区域经济发展潜力、政府支持力度、社会认可度。
	交通条件（10分）	区外交通、区内交通、配套设施（码头、停车场、标识）。
	基础设施（4分）	水电、通信、网络、导游。
	服务设施（15分）	游乐、购物、餐饮、接待、卫生安全、救生救护。
康美产业支持系统（40分）	康美企业创新能力（10分）	技术创新能力、中介组织水平、产品创新能力。
	康美产业发展规模（10分）	主导康养产业竞争力、年增长率、康美产业占GDP比重。
	康美产业经济发展（10分）	投资回报率、主导产业市场占有率。
	康美品牌形象（10分）	品牌知名度、品牌美誉度。

续表

一级指标	二级指标	三级指标
循环经济技术体系（40分）	循环技术应用（15分）	生态工程、循环农业、生态工业、生态旅游和研学旅行。
	水土保持质量（10分）	水土流失综合治理率、林草覆盖率。
	生物多样性保护（10分）	物种保护、栖息地设置、保护措施与效果。
	水生态环境质量、空气质量（5分）	水质水量、水循环、水生生物、污水处理、环境空气质量、负氧离子含量、舒适度。
流域治理保障系统（40分）	公园规划（6分）	规划成果水平及规划批复。
	管理体系（6分）	管理机构、管理制度、人员职责。
	服务管理（6分）	服务项目、服务水平、投诉处理机制。
	运营管理（5分）	体制机制、项目的实际效益效果。
	信息化（4分）	信息化功能、维护及推广效果。
	安全管理（8分）	工程与设备安全、游乐设施安全、安全标识设置、治安机构、消防、应急处理。
	卫生管理（5分）	餐饮卫生、公厕卫生、公共场所卫生、垃圾分类及处理。

（三）尊重群众首创精神，积极开展康美河湖公园试点工作

按照“节水优先、空间均衡、系统治理、两手发力”共同抓好大保护、协同推进大治理的思路，迫切需要创新驱动和示范引领。健康产业与美丽产业要成为实现乡村振兴和创新发展的战略性支柱产业。优化水利风景区工作的顶层设计和政策供给，加快尽快实施“国家康美河湖公园”创新试点工作，充分发挥水的重要功能作用，全面开创新时代水利融合发展和“两山转化”工作的新局面。基于上述认识，我们在景区办指导下，与九华黄精康养产业研究院安徽省院士工作站、中国

生态学学会等合作，起草了《康美河湖公园规划编制导则》（草案）和《康美河湖公园评价标准》（草案），并结合试点工作进行进一步论证与优化。按照新时代生态文明建设要求，开展“康美河湖公园”试点，初步构建了不同类型组成的“试点体系”，编制规划并付诸实施。

省厅直属单位安徽省梅山水库“康美河湖公园”。以水利工程奇观、红色文化、皖药文化为特色，传承红色基因，创造高端平台创意共享的运营机制，优化功能布局，构建产旅融合康养体验的产业体系。以皖药养生大卖场、河鲜美食廊、《将军行》演艺、水幕电影、高端民宿、梅山水利博物馆等重点项目为抓手，依托皖药小镇创建梅山模式。

乡镇级—建德梅城镇政府三江口康美河湖公园。衢江区康美河湖公园沿江布局，规划“一核一带五区”空间结构。以衢江城区为旅游综合服务核心，建设诗画衢江美丽风光带，打造浮石—新田铺田园休闲区、西周古城文化博览区、盈川古镇文化旅游区、中医针灸康养度假区、下中洲生态湿地研学区等五个功能区块，策划衢江治理二期工程、乌溪江引水工程、水库湖泊治理工程、针灸小镇（康养中洲）、衢江区沿江公路及景观带工程、新田铺田园康养综合体、盈川古镇、浮石休闲旅游区、西周文化博览园、下中洲湿地公园、多式联运中心港、樟潭古埠街区建设工程、荷鹭牧场、杭丽衢山海协作大通道等系列化重点项目，创建国家康美河湖公园，助推国际知名的针灸康养旅游目的地、国家研学旅游示范基地，打造“康美河湖，幸福衢江”。

县区级—衢江区政府衢江康美河湖公园（纳入2020衢江区政府重大项目）。建德市三江口康美河湖公园位于浙江省建德市梅城镇（新安江、兰江、富春江）三江口。建德梅城是“千鹤妇女精神”发源地，是“半边天圣地”。建德市三江口国家康美河湖公园充分利用梅城优美的水资源和水文化，通过实施6S系统工程，以千年古府为魂，以三江秀水为基，以“千鹤妇女”为特，弘扬“建功立德”加快跨越发展。规划强调以玉带河千鹤妇女商业街、国家水上体操训练中心、千鹤妇女康养中心、三江诗路水利公园、桥景提升工程等重点项目为抓手，打造巾帼文化新高地，助推梅城拥江大发展。三江口康美河湖公园，为千年府城文化铸魂，不断强化康美产业支撑，打造美丽城镇和“康美河湖、造福流域”新典范。

三、加快建设康美河湖公园的对策建议

深入贯彻新时期习近平新时代生态文明治水思想，“康美河湖、造福流域”要作为新时期治水能力和治水体系现代化建设的重要内容。水利要放眼整个流域治理。全面深入推进“健康中国”“美丽中国”战略融合，将“康美河湖、造福流域”实施“6S技术体系”纳入区域“系统治理、两手发力”政绩考核体系，确保水利在推进生态文明建设、实现乡村振兴和“双循环”中发挥更大作用、做出更大贡献。

将“康美河湖公园”作为水利风景区的提质增效和高质量发展的“升级版”，纳入河湖长制考核体系。康美河湖公园，要作为水利风景区提质增效和实现高质量发展的重要抓手，作为水利风景区“重要窗口”尽快提到重要议事日程。结合“十四五”规划，在总结提炼康美河湖公园试点工作经验的基础上，从水利服务于健康中国、美丽中国和乡村振兴的战略高度，将康美河湖公园纳入“河湖长制”绩效评价考核体系，并与国务院颁布的“河湖长奖励办法”直接挂钩。

将“康美河湖公园”作为践行“两山转化”和“流域生态治理”示范工程，积极发挥水利对流域生态文明建设的引领作用。由水利部水利风景区领导小组牵头，安排落实“康美河湖、造福流域”专项经费，全面推进“康美河湖公园”试点示范工作。建议“十四五”期间，在现行国家水利风景区基础上，着力打造“国家康美河湖公园”示范工程100家。贯彻“康美河湖、造福流域”，细化《导则》和《标准》、科学规划、以点带面、全面推进，努力“把每一条江河都建设成为造福人民的幸福河”，以实际行动向建党100周年庆典献礼。

浙江要成为习近平生态文明治水思想的践行地、“康美河湖公园”发源地和流域治理现代化示范地。积极创造新时代治水兴邦“浙江经验”“重要窗口”“中国方案”，加快流域生态文明治理现代化，实现全流域高质量发展。

参考文献

［1］董青，兰思仁．中国水利风景区发展报告（2019）［M］．北京：社会科学文献出版社，2020：16－28.

［2］2020 年全国水利工作会议要求：推动水利风景区建设提质增效．2020－03－03 15：23.［OL］http：//slfjq. mwr. gov. cn/ttxw/202007/t20200721_ 1417815. html.

［3］张跃西．创建康美河湖公园，助推健康中国和美丽中国．云南昆明．第十八届中国生态学大会生态旅游与旅游生态分会场学术报告．2019. 12. 01.

第五章

文化产业旅游融合体创新研究

第一节　丽水莲都文化产业旅游融合发展研究

随着旅游经济的快速发展，旅游业在我国国民经济发展中的地位不断提升，旅游业的融合发展已成为国民经济增长的驱动力。2014 年 8 月国务院发布《关于推动特色文化产业发展的指导意见》以及 2015 年“旅游 +”时代的到来，进一步促进了特色文化产业发展，并强调了文化产业与旅游产业的融合，提出要加快特色文化产业与旅游等相关产业融合发展，深入挖掘和阐述中华优秀传统文化的时代价值、优化文化产业布局、推动特色文化产业健康快速发展，因此，我国文化产业旅游融合发展是大势所趋。

20 世纪 60 年代以来，旅游产业综合发展现象逐渐显现，现已成为当代的一种经济现象。旅游业作为一个综合性行业，不仅具有文化功能，更具有经济功能。文化产业与产业旅游快速发展，旅游综合体是以旅游休闲为导向，基于一定旅游资源与土地基础进行地产综合开发而形成的旅游休闲聚集区。“十二五”期间，杭州在全国率先提出“旅游综合体”概念并规划发展 100 个国际旅游综合体。然而现在看来，“旅游综合体”概念因为局限于“房地产和高星级酒店集群”，过于受旅游产业集聚的束缚，影响了文化、产业与旅游的多元融合功能的最大化。相比较而言，旅游综合体已不能适应现今旅游融合发展的新形势，需要我们创新并提出旅游融合体概念。国内外学者对文化、产业与旅游三者之间的关系进行了比较深入的研究，并有效揭示了文化、产业与旅游跨界融合集成，但大多呈现出文化—产业、文化—旅游或产业—旅游的二元融合。文化产业旅游是文化、产业与旅游三者集成的多元融合，内容与内涵更为丰富深厚，目前涉猎的还不够多。综上所述，从旅游综合体到文化产业与旅游的二元融合，有效地推动了我国旅游业的理论创新与实践发展。关于文化产业旅游三元融合、旅游融合体等融合发展模式及其效应分析，值得深入研究。

一、从综合到融合的演进

近年来，国务院相继发布《关于促进文化与旅游结合发展的指导意见》《关于推动特色文化产业发展的指导意见》等多个关于文化产业、旅游产业文件。在国务院“互联网 +”基础上，国家旅游局提出了“旅游 +”概念，可以看出文化、产业、旅游的紧密结合是大势所趋，文化产业旅游的融合发展已成共识。在繁荣循环经济、打造生态文明的背景下，大力发展文化产业旅游融合与当前国家“推进文化产业发展、转变经济发展方式、建设美丽乡村旅游”的方向是一致的，是社会发展的必然趋势。

旅游业是一个特殊的行业，文化与工业、技术产业等均可以作为资源支撑旅游业发展。文化是一种社会现象，人类社会的一切活动都具有文化性；产业是人类活动创造形成的，是人类文化进步的表现。文化、产业、旅游本就没有固定的划分边界，三者相互交叉、密不可分。随着时代的发展，更多的社会资源逐渐向旅游业靠拢，那些特色鲜明且具有旅游吸引力的产业资源、文化资源都被纳入旅游资源范畴。文化、产业、旅游三者优势互补，经过有效的功能融合，能够更好地发挥功能效益和经济效益。文化、产业通过旅游的形式发展传播能够激发文化、产业的活力，让人更易于接受，从而可以扩大两者的创造发展空间。文化、产业与旅游互动共荣，三者融合具有互补共赢性。

二、“三元融合”理论创新

文化是人类在社会历史发展过程中所创造的物质财富和精神财富的总和①，产业是具有某种同类属性的经济活动的集合或系统。旅游是一定社会经济条件下的一种人类社会经济活动，它表现为人们离开常住地以寻求新的体验感受为主要目的的一种综合性物质文化消费活动。从文化属性来看，旅游活动与产业经营在本质上是一种文化活动，具有文化特性的经济产业亦属于文化活动的范畴。文化产业是指以满足人们对文化需求为目标，按照工业标准，生产、再生产、储存以及分配文化产品和服务的一系列活动②。文化旅游是以旅游与文化的融合，感知、了解和体验人类文化具体内容的行为过程。产业旅游是旅游产业的一种类型，它包括农业旅游、工业旅游及文化产业旅游。

（一）旅游融合体概念

所谓文化产业旅游融合体，是指在特定空间范围内，依托绿水青山的优美自然生态环境、具有文化价值的优秀人文资源和具有品牌价值的优势产业资源的集聚整合为旅游吸引物，依据融合发展、绿色生态、创新驱动、主客共享及联动辐射的原则，以文化体验、休闲娱乐、度假养生为导向，以打造能够满足游客“吃、住、行、游、购、娱、商、体、养”九大需求的复合型旅游产品为核心，以促进当地社会经济文化生态协同发展为目标，“文化、产业、旅游”三元融合的多功能、多业态、深内涵、重体验的融合发展集聚区。

---

① 黄辉实．旅游经济学［M］．同济大学出版社，1990：3。

② 张世满．旅游产业与“产业旅游”：义理要筋［J］．旅游学刊，2011（06）。

文化产业旅游融合体集聚三大类旅游资源的优势，突出的是旅游吸引物的高品质条件。旅游吸引物是旅游活动的客体，其品质的优劣关系到旅游吸引力的大小，甚至关系到旅游规模的大小。优美的自然环境、优秀的人文资源及具有优势的品牌产业作为高质量的旅游资源，符合现代社会注重生态文明、健康发展、文化体验的要求，是打造旅游融合体的基础支撑。文化产业旅游融合体坚持以市场需求为导向。游客是旅游活动的主体，其对旅游的需求早已不再停留于“走马观花”，而是向着文化体验、休闲娱乐与度假养生转变。没有需求就没有市场，旅游融合体不能脱离游客对旅游活动的需求。因此，旅游融合体必须依据市场需求，更加全面地提供能满足游客在吃、住、行、游、购、娱、商、体、养等方面需要的复合型旅游产品。

文化产业旅游融合体，整合文化、产业、旅游优势于一体，能极大地拓展旅游功能、丰富旅游业态、提升旅游内涵。文化产业旅游融合体关注与当地的社会经济、文化生态协同发展，更具公益性，更符合社会发展要求。文化产业旅游融合体是对旅游综合体的创新提升，创建旅游融合体除了要遵循融合发展与绿色生态的基本原则之外，更要遵循创新驱动、主客共享和联动辐射的原则。创新驱动侧重旅游机制的创新，以文化引领、产业推动为核心驱动旅游发展。主客共享强调当地居民与游客的资源共享，例如，民宿体验，就是当地居民将自己的家与游客一起共享，让游客能够直接接触真实的居民生活，更加深入了解当地的民俗风情。联动辐射要求各个事物之间互相关联带动，产生辐射效应。依靠产业推动文化、旅游的发展，依托文化增添产业、旅游的内涵，借助旅游实现文化、产业的传播。

（二）“三元融合”模式

当今，二元融合模式已经跟不上社会快速发展的节奏，“互联网+”“旅游+”等概念被相继提出，其本质就是互联网、旅游与其他产业的相互融合，强调了融合的多元化。为迎接“旅游+”的新时代，我们提出“三元融合”模式。所谓“三元”，即“文化、产业、旅游”。（见图5－1）文化是旅游的灵魂，产业是旅游的依托，旅游是文化表现的载体与产业转型的途径。集聚文化、产业、旅游的优势，大力发展旅游业、弘扬优秀文化、促进产业转型，是三元融合最重要的作用，也是最主要的目的。

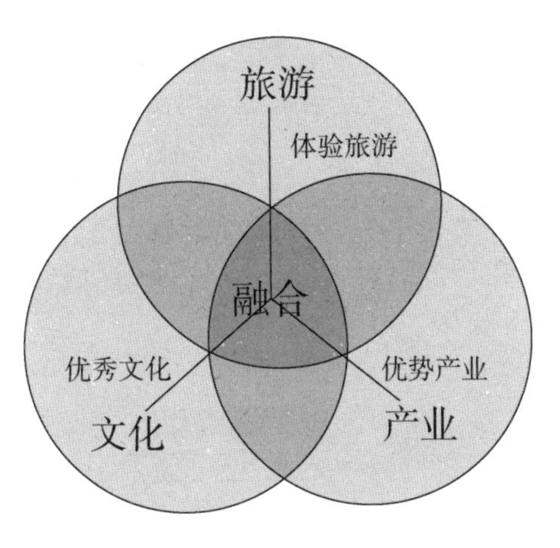

图5－1 “三元融合”模式

文化与产业融合讲求“文化产业化，产业文化化”。当文化无法吸引客人时，依托产业展示文化内容来实现吸引；当产业吸引力不足时，通过文化提升产业内涵来实现吸引。例如，演艺本身是一种文化，丽水村晚原本是村民们在春节期间自娱自乐、自编自演的晚会活动，并不足以吸引较多的外来游客。而将村晚文化产业化后，村晚演艺精品成功吸引了许多游客前来观看，并且带动了特产、民宿、纪念品等产品的消费。为了更好地适应日渐增多的客流量与需求量，就需要建立完善的旅游服务体系，如此一来，文化、产业、旅游三者便相互联系挂钩。从某种意义上讲，产业与文化是旅游发展的支撑，“产业＋文化”能延伸出旅游新业态，“文化—产业—旅游”的三元融合能够构成一个稳定的“铁三角”关系。当文化进一步产业化、产业进一步文化化，文化与产业的融合范围便会扩展，三元之间的关联度也会变强，彼此之间的资源利用率就会更高。

三、“三元融合”的多元化效应

从我国文化、产业与旅游融合发展的初步实践中发现，其带动了旅游、科技、文化、教育、商贸和文物等行业发展，并对城市或区域经济与社会发展产生了多种效应①。为此，基于对我国文化、产业与旅游融合发展的实践分析，文化、产业、旅游的融合发展，会激发出六种综合效应，即优势集聚效应、传承创新效应、复合联动效应、产业增值效应、转型升级效应和示范辐射效应，对城市或区域经济社会发展产生积极的推动作用。(见图5－2)

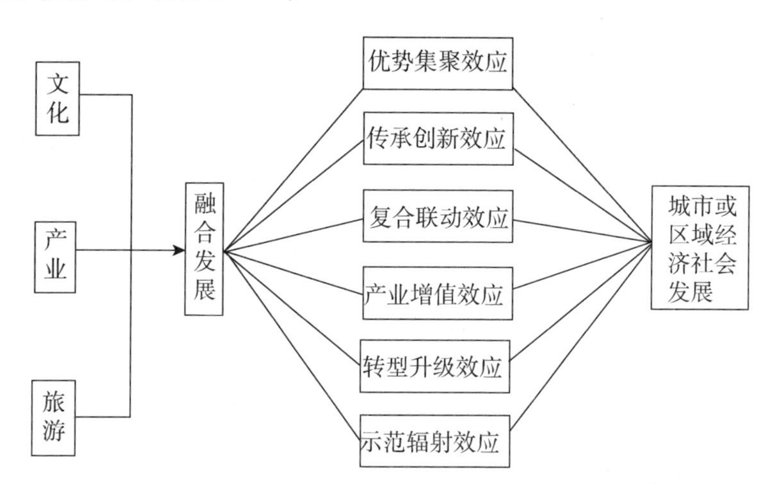

图5－2 文化产业旅游融合发展效应结构图

(一) 优势集聚效应

优势集聚效应是文化产业旅游融合发展产生的延伸式效应，主要表

① 梁学成，齐花. 新常态下文化与旅游产业融合发展的效应分析［J］. 中国旅游研究院，2015.

现在文化上，在文化产业旅游融合发展中，文化产业优势得到集中。以景宁全国畲族文化总部建设为例，文化总部建设本质上就是将全国的畲族文化集聚在一起，充分发挥其文化优势，从而将畲族文化总部品牌推向国际化。因此，文化产业旅游的融合，有利于集聚发展优势，创造更多的社会、经济、生态效益。

（二）传承创新效应

传承创新效应是文化产业旅游融合发展带来的核心效应，也是文化产业旅游融合持续发展的根本动力，主要表现在优良传统传承和产品、形式、渠道创新上。传承优良文化是文化产业旅游融合发展的前提，文化产业旅游融合使得优良的传统文化和产业得以传承流芳，使得旅游产品和形式得以活力创新。如《印象·西湖》、畲族村晚等演艺产品的创新，使一些老景区焕发新的生机，激发新的市场活力。农事活动、采摘体验、水上高尔夫等形式上的创新，以及网络、微信、微博等新媒体渠道创新，也都是文化产业旅游融合所带来的创新效应。

（三）复合联动效应

复合联动效应是文化产业旅游融合发展所激发的一种扩张式效应。这种联动效应主要表现在三个层次：一是产业联动，文化产业旅游融合发展，使单一产业发展模式向多产业融合发展模式转变，不仅为旅游产业增添了活力、丰富了内涵，而且也使相关产业得到同步发展。二是区域联动，从融合发展的经验来看，文化产业旅游融合不仅可以跨行业，也可以跨地域，具有共同或相似文化内涵的旅游项目可以联合发展，走合作开发的道路，如丝绸之路文化旅游、城墙文化旅游和宗教文化旅游等。三是部门联动，在文化产业旅游融合发展中，单一部门管理已无法适应社会发展，多部门联动发展机制，能使融合发展获得持久的动力。

（四）产业增值效应

产业增值效应是文化产业旅游融合发展所产生的直接效应。首先是经济增值，融合有利于拓展旅游资源的外延，拓宽旅游业的经营范围，创造文化产业旅游新产品、新需求和新体验，从而激发潜在消费、增加旅游收入；其次是供需链增值，新需求会带来新市场，而新市场又会吸引更多的投资商、生产商及销售商，产业供需链将得到扩展，带来供需链增值；最后是质量增值，文化产业旅游融合体被赋予了更深的文化内涵，提升了旅游产品质量，最终实现质量增值效应。

（五）转型升级效应

转型升级效应是文化产业旅游融合发展产生的长期效应，主要表现在两个方面：一是产业转型升级。在文化产业旅游融合的趋势下，旅游产业由单一产业发展向融合发展升级转化，向更加法治、更加综合的方面发展。二是消费模式转型升级。随着社会的发展，人们对旅游的需求越来越大，要求也越来越高，由传统的精神放松式消费逐渐向多元化消费转变，文化产业旅游融合更能满足人们的消费需求。

（六）示范辐射效应

示范辐射效应是文化产业旅游融合发展的一种外部效应。融合发展会促使生成旅游新业态，例如，会展、主题公园旅游等。它有利于带动周边城市及区域的经济发展，从而产生巨大的示范辐射效应。以“宋城”主题公园为例，杭州宋城是中国人气最旺的主题公园，每年的游客量超过600万人次，它的开发经营模式不仅能对宋城品牌、旅游文化内涵、旅游从业人员等产生辐射，还能对其他主题公园起到示范作用。

四、莲都文化产业旅游融合发展条件

（一）莲都文化脉络体系

“一脉文心传万代，千户不绝是真魂。文脉是一个民族的魂脉。”一个国家、城市，都有其特定的文化脉络。丽水莲都拥有千年历史，文化类型较多，如瓯江文化、古道文化、德孝文化等，通过对这些文化的梳理，建立了一个莲都文脉体系（见图5－3）。莲城因山得名，莲城百姓由瓯江之水孕育，山水文化造就了现在的莲都，创造了“养人”之境；产业文化包括农耕文化、现代科技文化，莲都拥有莲、茶、香菇、杨梅、大棚蔬果等多个有机食品产业，提供了“养人”之物。处州文化、山水文化与产业文化延伸集中衍生出养生文化，以人为核心，讲究天人合一。

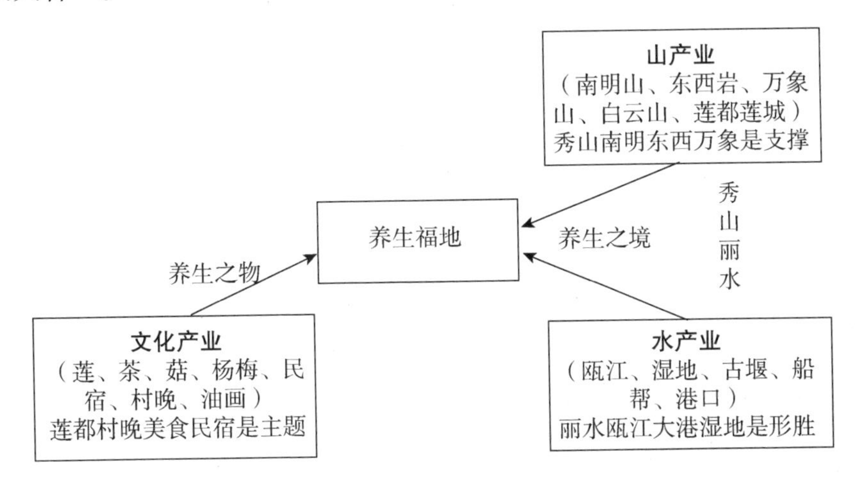

图5-3　莲都文脉体系

（二）莲都文化产业旅游资源评价

在融合发展的视角下，从文化、产业、旅游三个方面针对莲都区资源进行整体评价：

一是文化元素丰富多彩，特色鲜明，但与产业旅游结合度不高，文化附加值有待提升。莲都区文化，不论是建筑文化、工程文化，抑或是农耕文化、民族文化，都深刻影响着后一代人，使得千年莲都积淀了深厚的文化底蕴，为世人留下了众多宝贵的文化遗产。高昂的马头墙、沉郁的石镌门楼、精雕细镂的花窗梁柱、匠心独运的天井图案，均蕴含着丰富的文化符号，记录着处州民间的风俗、信仰、情感和价值观念。然而，目前这些异彩纷呈的莲都文化都独立于产业、旅游存在着，文化的传播空间受到限制，不利于文化附加值的发挥。因此，莲都亟须将文化与产业旅游互相融合，为莲都旅游发展注入新内涵，通过旅游“走出去”，充分发挥文化价值，提升莲都整体的文化品位。

二是产业基础条件良好，种类多样，但其产业特色不突出，品牌文化影响力有待提高。莲都现已形成一定规模的产业有莲产业、茶产业、香菇产业、杨梅产业、大棚蔬果产业及村晚文化产业、“巴比松”油画产业，在大类上可以分为食品产业与文化产业。然而，古堰画乡“巴比松”油画在全国的影响力有限；莲都白莲文化品牌影响力不及武义宣平宣莲；目前莲都的养生品牌也无法与浙江武义养生旅游的品牌相媲美。莲都产业存在品牌知名度不大、旅游吸引力不强的问题，亟须转型升级。充分利用产业基础，与文化旅游融合发展，不仅有助于产业品牌的对外辐射，扩大品牌影响力，增加市场需求，还能丰富莲都旅游的内容，带动旅游目的地的旅游发展，从而形成一个良性循环。

三是旅游生态环境秀美，优势明显，但其文化内涵不深，产业旅游融合机制有待改革。莲都为国家级生态示范区，自然资源丰富，生态环境保持优良，文化资源类型丰富，是旅游开发的优势所在。目前，莲都区拥有古堰画乡风景区、九龙湿地公园、南明湖水上乐园、东西岩风景区、大山峰森林公园等旅游产品，然而，这些旅游产品的文化内涵较为浅薄，体验内容相对较少，文化、产业未能与旅游很好地融于一体，莲都旅游仍停留在传统的走马观花阶段。因此，在莲都旅游规划设计上，应转变现在的发展体制，采用新的融合机制，促进文化、产业、旅游三元融合，提升旅游品位。

（三）莲都文化产业旅游融合发展SWOT分析

文化产业旅游融合发展要求将文化、产业与旅游相互融合，各取优势，共同发展。本书通过从丽水莲都的生态自然景观、历史文化底蕴、特色产业技术、现有旅游产品等方面对其进行了优劣势分析，并提出了机遇与挑战。

1. 优势（Strengths）

丽水作为国际休闲养生城市、中国优秀旅游城市、国家森林城市及中国长寿之乡，为名副其实的养生福地。莲都山水生态环境优美，自然资源丰富，素有“华东氧吧”“浙江绿谷”“天然植物园”“绿色基因库”之美称，有发展旅游的绝佳条件。莲都文化资源丰富，产品门类广泛。依托莲都得天独厚的自然环境和深厚的文化底蕴，各地的文化产业初具规模且特色鲜明。如沙溪村的传统畲乡文化底蕴深厚，传承了大量的畲乡文化活动，西溪的德文化一直影响着现在的村民等。

丽水市地处长三角经济区和海峡西岸经济区的接合部，莲都区是丽水市唯一的市辖区，区位优势明显、人文优势独特、生态优势突出，丽水莲都将成为现代都市人回归自然乐园、休闲养生和老年人颐养天年、健康疗养的天然福地。丰富的养生养老资源、独特的地理环境条件，使发展生态休闲养生（养老）产业具有强大的优势。

目前，在新农村建设的大背景下，莲都大力开展乡村建设，从基础设施层面到精神文化层面都有了较大提升。村晚文化产业得到县市政府大力扶持，在全国备受关注，“丽水村晚”的品牌现已逐步走上国际舞台。莲都“天天乐”广场舞已初步形成品牌，沙溪畲家欢语农家乐综合体正逐步发展，作为中国著名美术写生基地、油画生产基地、中国摄影之乡的古堰画乡已成为4A级旅游景区。莲都文化产业旅游在融合发展方面初见成效。生活在都市的人们渴望对乡村自然宁静状态的回归，乡愁的文化逐渐深入都市人民的生活中，莲都的乡村自然景观正好符合城市人们的追求。

2. 劣势（Weaknesses）

旅游可进入性不强，部分区域交通不便。莲都地形属浙南中山区，以丘陵山地为主，山路崎岖，内部道路设施建设不完善。旅游基础设施及配套服务设施建设参差不齐，一些乡镇还不具备住宿、餐饮等基本的服务设施。

莲都的文化与旅游融合发展存在融合领域不广、融合模式局限、文化内涵未全面渗透、主题文化挖掘不够深入等问题。如西溪村“德文化”只停留在古民居建筑人文事迹等表面上；古堰画乡的发展模式局限于油画写生，并未将文化、产业、旅游三者紧密融合；北埠村的茶文化产业深厚，但并未与旅游紧密联系；梁村的地域文化特色不突出，缺少主题文化的定位。

莲都区主导文化产业定位不明确，莲文化不够深入，村晚文化未形成体系。莲都举办村晚由来已久，规模逐渐增大，村晚文化的综合效应却仍未得到充分发挥。随着时代的发展，传统文化、工艺流失越来越严重。莲都传统的民族民间工艺、服饰、活动等保存缺乏完整性。

莲都文化旅游发展现状与当前日益增长的市场需求不相适应。目前，莲都的旅游仍以观光旅游为主，以民族民间文化资源为重要依托的旅游产品在旅游总收入和总人数中所占比重严重不足，亟须改善莲都地区文化产业旅游发展落后于旅游需求的问题。

3. 机遇（Opportunities）

从宏观层面看，党的十八大就生态文明建设做出了全面部署，描绘了建设“美丽中国”的宏伟蓝图，加上一系列惠及休闲产业的民生政策，特别是《国民旅游休闲纲要（2013—2020）》《关于加快发展养老服务业的若干意见》等的颁布实施，必将大力促进国民旅游休闲和养生养老产业的规模扩大和品质提升；同时，随着我国“休闲时代”和“老年社会”的到来，人们普遍走出温饱型需求阶段，开始更加关注生命，更加重视健康，更加注重休闲和保健。

在后国际金融危机时代，我国着力调整经济结构，将旅游、文化作为新兴战略产业加以扶持。而且，我国消费市场正从“吃、穿、用”的初级阶段向“住、行、康”的高级阶段转型，尤其在东部沿海发达地区，人们的文化旅游需求空前高涨，文化旅游产业市场潜力巨大，发展文化产业旅游前景广阔。莲都发展生态休闲养生（养老）经济、文化产业旅游融合发展赶上了前所未有的机遇。

此外，2015 年 5 月，丽水乡村春晚成功申报全国公共文化服务体系示范项目，为打造莲都村晚品牌带来了机遇；2015 年年底金温高铁将开通，莲都的“高铁时代”即将到来，交通优势逐渐凸显。莲都到金华、温州将只需半小时，杭州将进入 1.5 小时交通圈，上海也将进入 2.5 小时交通圈。站在当下的历史关口，随着生态资源价值的日益凸显、“高铁时代”的到来，莲都正进入生态文明时代的“上风口”，将迎来跨越发展的新春天。

4. 挑战（Threats）

莲都文化类型虽比较丰富，但其主题特色不够突出，主导产业定位不明确，旅游产品吸引力也不够大。莲都旅游要想长期发展必须要打响国际品牌，如何把原有的乡愁文化打造成“国际乡愁文化经典”是一个严峻挑战；莲都主导产业定位是需要迫切解决的重大战略问题。莲都在养生美食方面虽具有一定优势，但要打响养生美食品牌还有很多工作要做。况且武义的药膳美食已取得显著成效，涌现出寿仙谷和田歌实业等一批具有影响力的企业品牌，莲都面临起步晚、竞争压力大的挑战。莲都村晚的发展也面临严峻挑战，特别是被誉为最年长春晚的庆元“月山春晚”以及企业化运作的东北村晚，虽是莲都村晚的示范者，却也是莲都村晚发展的竞争对手。在贯彻“一带一路”倡议，推进“村晚”国际化的重大机遇中，如何发挥莲都村晚文化综合效应，亦是亟须解决的重大问题之一。另外，目前莲都旅游体制机制层级过多、比较混乱，难以适应整合发展、融合发展与跨越发展，也需要尽快深化改革。

五、莲都区“三元融合”发展战略

（一）莲都的主题定位

莲都历史悠久，文化产业多元，拥有莲文化、茶文化、畲乡文化、村晚文化、美术文化、红色文化、秀水文化、养生美食文化及主题乡村文化等特色优势文化。依托莲都文化产业旅游资源，打造乡愁体验、美食体验、民宿体验、村晚体验等文化体验旅游系统，创新莲都体验经济发展模式。依托莲都水利旅游资源，在南明湖及生态河川水利风景区的基础上大力发展水文化体验旅游，打造“莲都丽水秀”品牌；依托生态养生和药膳美食资源，在诗画利山、畲家欢语及在水一方农家乐综合体的基础上大力发展养生美食体验旅游，打造“美食福地，精彩莲都”品牌。促进莲都文化产业旅游融合发展，努力创建中国体验经济示范区、中国美食养生旅游示范区、中国国际村晚文化总部。

（二）莲都“一六六”发展战略

基于莲都的文化产业旅游资源及其发展现状，我们提出“一六六”发展战略，积极打造莲都文化产业旅游新常态，推动莲都经济社会发展进入更广阔的新天地。“一六六”，即“一个主导产业、六个文化高地、六个文化产业旅游融合体”。

一个主导产业：我们研究认为，莲都的主导产业是以养生美食为核心的食品产业链。莲都产业资源丰富，主要集中于食品产业，如莲、茶、香菇、杨梅、大棚蔬果等产业。“民以食为天”，目前的莲都食品产业虽然品牌效应不明显，但丽水国家生态示范区具有深厚的文化技术与优越的生态环境，将养生美食作为主导产业进行培育开发不仅能有效利用其基础资源条件，而且顺应了当代养生产业的潮流。

六个文化高地：依据上述对莲都旅游发展的主题定位，努力将莲都打造成为国际村晚文化总部、莲文化高地、养生美食文化高地、丽水秀文化高地、养生茶文化高地和广场舞文化高地。整合融合文化产业旅游优势，创新创意文化体验精品，将莲都文化做强、做亮、做出特色。

六个文化产业旅游融合体：通过运用文化产业旅游融合体理论和“三元融合”模式，整合莲都文化产业旅游资源，按地理位置创建六个多功能、多业态、深内涵、重体验的文化产业旅游融合体，分别为应星南明融合体、老竹畲乡融合体、古堰画乡融合体、七彩田园融合体、西溪雅里融合体和清廉驿站融合体。依据目前这六个融合体旅游条件的成熟度，可优先发展应星南明融合体、老竹畲乡融合体和古堰画乡融合体，再带动其他融合体，推进文化产业旅游的融合进程，从而支撑起整个莲都的旅游业，促进莲都社会经济稳步增长。

根据“一六六”战略，六个文化产业旅游融合体之间既相互独立又相互联系。每个融合体的主题内容各不相同，区域功能完整，能满足游客的九大需求，且融合体内四季皆有相应的旅游项目活动与之匹配，可以独立运营。应星南明融合体主打山水文化、应星文化与广场舞产业，老竹畲乡融合体主打畲乡文化与莲产业，古堰画乡融合体主打秀水文化、茶饮文化与工艺品产业，七彩田园融合体主打美食文化与创意农业，西溪雅里融合体主打德文化、民俗文化与农耕文化，清廉驿站融合体主打古道文化与清廉文化。各融合体之间相互依存、相互带动，可形成莲都区文化产业旅游大融合体。依据各融合体主打产品的季节性，按两个月一个节点，每个节点主推一个融合体，以保持莲都的旅游热度四季不退，减小淡旺季影响。(融合体类型及分布详见表5-1)

1. 应星南明融合体

应星南明天天乐，冒险冲浪秀丽水。应星南明融合体依托南明湖，以应星文化为主体，以美食城产业为主导产业，结合美食城、南明湖、南明山、冒险岛、纳爱斯广场、应星楼等，形成春南明登山、夏水上娱乐、秋广场起舞、冬万象赏景的旅游链。

(1) 南明湖水流平坦，适合开展娱乐活动来增加旅游体验，如皮划艇赛事、水上飞板、水上高尔夫等活动。南明湖是国家皮划艇训练基地，已举办过赛事活动，可争取举办高规格的皮划艇赛事，如国家青年皮划艇锦标赛以扩大知名度。

(2) 应星楼可举行民间祈福活动，增加南明湖区块的文化活动。

(3) 万象山观景，万象山为丽水城中最高山，既是一座古老的文化山，又是一个生态林园，自古以来便是游览观光胜地。

表 5-1 莲都融合体类型情况表

融合体	村庄名称	特色文化	特色产业	旅游资源	文化创意设计
应星南明融合体	丽水城区	山水应星莲城	美食城产业	南明湖、南明山、冒险岛、纳爱斯广场、应星楼、万象山	皮划艇赛事、水上飞板、水上高尔夫、水上自行车、莲都养生美食城、打造莲都国际村晚文化总部、万象山赏景。
老竹畲乡融合体	沙溪村	东西畲歌嘹亮	村晚文化产业	东西岩、畲乡欢语农家乐综合体、文艺表演队	畲乡老竹民族系列文化节、国际村晚综艺文化节、中国国际村晚综艺大奖赛、畲族特色歌舞表演、老竹山哈歌舞大赛、沙溪畲乡药膳美食、采取莲都村晚民宿复合模式。
	周坦村	质朴莲乡人家	莲产业	荷花观光园	春季品莲，夏季赏莲花，秋季采莲子，冬季挖莲藕为主线开展莲主题诗作比拼、“7·11”白莲节、莲花庙会、莲养生美食、全莲宴、采莲子活动、莲生产生活演艺、莲文化艺术会展、“莲”谊会。
	梁村	武运兴隆梁村	/	/	九九梁村武术节、梁村武术文化主题微电影。
	新屋村	抗战红色新屋	/	抗日文化礼堂	红歌、话剧、新屋九〇三抗战胜利纪念活动、抗战纪念展、老竹药膳美食。

续表

融合体	村庄名称	特色文化	特色产业	旅游资源	文化创意设计
古堰画乡融合体	北埠村	北埠南明茶韵	茶产业	“天然”游泳池	中国国际茶艺大赛、北埠南明养生茶文化节、游泳池、水利文化长廊、北埠南明茶饮美食。
	大港头（河边村）	港镇激情画乡	“巴比松”油画产业、工艺品产业	特色民宿、“古堰画乡”	巴比松艺术特色油画纪念品、民间工艺大赛、河边村晚唱响红歌、红色舞蹈、古堰画乡江鲜美食。
	堰头村	古堰神通流芳	/	通济堰、“古堰画乡”	古堰画乡中国国际摄影文化艺术节、水利文化博物馆。
七彩田园融合体	里河村	七彩田园里河	现代农业	创意休闲农业	碧湖七彩田园系列文化节、田园民宿。
	松坑口村	湿地枫杨别院	/	/	到松坑、吃湖羊、游湿地、住别院。
	利山村	畲情诗画利山	/	荷花池、诗画利山农家乐综合体	利山养生庄园、七月七利山爱情节。
	南山村	杨梅乡愁南山	杨梅产业	/	南山民宿、杨梅采摘、南山祈福。

续表

融合体	村庄名称	特色文化	特色产业	旅游资源	文化创意设计
西溪雅里融合体	西溪村	德承千年西溪	香菇产业	稽勾古道、古建筑、溪流、农田、道观	香菇药膳美食、稽勾古道驴友徒步线、西溪道德系列文化节、“天然”民宿体验、道教养生体育培训。
	雅里村	雅里民俗庙会	/	庙会、村晚、舞龙表演队	特色庙会。
	里东村	深山将军故里	/	/	李祖白将军纪念馆、爱国主义教育基地。
清廉驿站融合体	余岭村（枫树湾村）	古道清廉驿站	杨梅产业	农家乐	住余岭村（枫树湾村）、受廉政教育、走括苍古道、吃农家菜肴、赏特色村晚、享采摘乐趣。
	官桥村	官桥遗梦畅想	/	永利度假村	民宿、火柴盒纪念品设计。

2. 老竹畲乡融合体

畲乡老竹生态美，药膳美食映东西。老竹畲乡融合体依托东西岩景区，以畲乡文化为主体，以莲产业为主导产业，充分挖掘沙溪畲乡文化、周坦莲产业、梁村武运文化及新屋红色文化，相互补充，填补淡季空白，形成春过节、夏赏莲 、秋习武、冬养生的旅游链。

（1）沙溪可举办会展、赛事，发扬畲乡药膳美食，如畲家土鸡、山乡猪蹄煲、畲药白斩鸡等；结合东西岩景区、畲乡欢语农家乐综合体、文艺表演队举办畲乡老竹民族系列文化节、国际村晚综艺文化节、中国国际村晚综艺大奖赛、畲族特色歌舞表演、老竹山哈歌舞大赛；规范农家乐经营模式，采取莲都村晚民宿复合模式，通过村晚星级认定、专家理事机制、乡愁乡梦体验、产业旅游融通及菜单定制平台六项载体，在村晚这个点上，推进乡村文化产业旅游融合发展工作“系统化”。

（2）周坦村以春季品莲，夏季赏莲花，秋季采莲子，冬季挖莲藕为主线开展旅游活动，展开周坦莲主题诗作比拼，“莲主题文化”诗作大比拼不仅可以吸引游客，还可丰富周坦莲文化内涵；发展壮大“7 · 11”周坦白莲节，举办周坦莲花庙会集市，出售莲花手工艺品，品尝莲都特色甜点、美食；推出莲养生美食、全莲宴，可通过举办全莲宴、厨王 PK 赛、莲养生知识竞赛等活动让游客在味觉、视觉、触觉等五感上充分体验周坦的莲文化（推荐莲美食，如银耳莲子羹、荷叶饭、荷叶蒸肉、莲子养生汤、莲子糕、糖藕片等）；举行莲花池里的莲子采摘运动，体验自己采摘莲子的乐趣；进行莲生产生活演艺（莲文化历史积淀，形成了周坦百姓独特的生产生活习俗），将这些习俗通过演艺的形式表达出来，让更多的人了解莲文化、莲生产及当地莲生活；开展莲文化艺术会展、“莲”谊会，以莲会友，将两者捆绑，依托莲文化艺术会展吸引游客，进而开展“莲”谊会，为游客搭建交友平台。

（3）梁村可举办梁村武术节，拍摄梁村武术文化微电影。每年的九月九在梁村举办武术节，传承武术文化，强身健体；拍摄以武术文化为主题的微电影（在古色古香的梁村中，一对老人因为太极相识，每天清晨一起练习，之后一起旅行……）。

（4）9月3日是中国抗日战争胜利纪念日暨世界反法西斯战争胜利纪念日，新屋红色文化深厚，有抗日文化礼堂在修建，可大规模举办九〇三抗战胜利纪念活动和抗战纪念展；举行新屋唱响红歌、抗战话剧表演。在新屋村开展村晚，表演具有当地特色与抗战文化结合的红歌、话剧等；结合老竹良好的生态环境与莲产业发展老竹药膳美食，如荷塘滋补汤、养生莲子煲鸭、养生莲神糕、养生荷叶粥等。

3. 古堰画乡融合体

古堰画乡工艺精，北埠茶饮享养生。古堰画乡融合体依托古堰画乡景区，以秀水文化、茶饮文化为主体，以工艺品产业为主导产业，充分挖掘古堰画乡（河边）秀水文化、北埠茶产业，相互补充，深入融合文化、产业、旅游，推出春品茶、夏戏水、秋采风、冬看戏的旅游产业链。

（1）北埠可开展中国国际茶艺大赛、北埠南明养生茶文化节、建设游泳池、水利文化长廊展、发展北埠南明茶饮美食。北埠村沿河而居，位于玉溪水库下游，拥有得天独厚的水上平台，在保证安全的情况下可以开发游泳池；利用正在建设的文化长廊进行水利工程教育，宣传深化水利文化；北埠茶饮发展条件良好，可发展茶饮美食，开发一系列以茶为原料的美食，推出北埠茶饮美食品牌，茶叶面条、茶叶馒头、茶叶鸡汤、茶叶米饭、茶叶冰激凌、茶叶糖果等。

（2）大港头村可发展巴比松艺术特色油画纪念品、民间工艺大赛、古堰画乡江鲜美食，河边村晚唱响红歌、样板戏表演、红色舞蹈。举办民间工艺大赛，不仅有利于扩大古堰画乡的知名度，还有利于工艺品产业的发展；大港头镇位于瓯江边，江鲜资源丰富，可发展古堰画乡特色江鲜美食；在河边村的村晚中演出如唱响红歌、样板戏、红色舞蹈等突出河边红色文化内涵。

（3）堰头村可与大港头村合作举办古堰画乡中国国际摄影文化艺术节，通济堰是中国古代五大水利灌溉工程之一，灌溉了整个碧湖平原，故可以通济堰为主体建设水利文化博物馆。

4. 七彩田园融合体

七彩田园创意浓，祈福南山品乡愁。七彩田园融合体依托瓯江湿地风光，以乡愁文化为主体，以现代农业为主导产业，充分挖掘里河现代农业产业、松坑口瓯江湿地风光、利山美食文化、南山乡愁文化与杨梅产业，相互补充，平衡淡旺季，形成春游湿地、夏摘杨梅、秋赏田园、冬尝美食的旅游产业链。

（1）里河村是美丽乡村示范村，可发展碧湖七彩田园系列月月文化节、里河田园民宿。

（2）到松坑，吃湖羊、游湿地、住别院。瓯江畔悠扬的古村庄——松坑口，有独具特色的土烧酒，湖羊已成为品牌，位于九龙湿地边缘，有大量舒适的别院。在这里远离城市的喧嚣，品一盏清茗，尝酒酿杨梅羹、看一番人世变幻。

（3）可建设利山养生庄园，提供药膳美食，融入有机国药，定制私人药膳，经营莲主题菜品，独创经典菜肴，设计春夏秋冬、男女老少皆宜的主题养生菜品，每月推出专门设计的养生药膳美食。利用“互联网+”融合养生美食，旅游者可以在到达之前就通过网络远程定制适合自己的养生美食产品，到达旅游地时可马上享受到精致的养生美食，实现远程定制，创建养生美食商业模式，打造新产品、新业态、新体验。另外，还可推出七月七利山爱情节。利山村村口的连理树见证着美好的爱情，为利山文化增添了一抹亮色。

（4）南山村独特的乡土建筑、民俗风情、特色美食形成了乡愁文化，容易勾起人们隐藏在心底的浓浓乡愁。利用闲置的古民居、老宅开发民宿，可与村民采取混合所有制的方式发展民宿经济；南山拥有

4000 多亩的杨梅基地，夏季时开展杨梅采摘体验，杨梅文化广场可作为旅游者休闲娱乐的场所；举行南山祈福活动，保佑来年杨梅丰收。

5. 西溪雅里融合体

千年村落民俗火，孝德勇武旺民族。西溪雅里融合体依托千年西溪，以民俗文化为主体，以香菇产业为主导产业，充分挖掘千年西溪德文化与香菇产业、雅里民俗文化、里东抗战文化，相互补充、渗透，形成春美食养生、夏水上娱乐 、秋文化传承、冬民俗体验的旅游链。

（1）西溪可开发西溪香菇药膳美食、举办千年西溪道德系列文化节；开发稽勾古道驴友徒步线，稽勾古道是古时处州府通京必经之路，西溪是投宿中途驿站，这里山川秀美，沿途风光独好，是驴友徒步的好去处；开展“天然”民宿体验，保存完整的古时驿站面积之大，建设之完整，是改成“天然”民宿的绝佳场所，足够建成“五星级”民宿；发展道教养生体育培训，西溪村有座村民集资修建的道观，可以结合道教文化发展道教养生体育培训。

（2）雅里村可发展雅里特色庙会，雅里板龙历史悠久，制作技艺传承已久，板龙民间祈福传统延续至今，每年元宵节前后村民就舞起了板龙，期盼今年国泰民安、风调雨顺。雅里庙会可结合元宵灯会、雅里庙会、舞龙发展特色庙会。

（3）里东，抗日名将李祖白之故里，抗战期间，祖白将军忠肝义胆亲历淞沪会战、武汉会战、长沙大会战等抗日战争。其故居位于里东村 146 号，为清代建筑，李祖白在此居住多年，生前遗物保存完整，可将其开辟为李祖白将军纪念馆、爱国主义教育基地，展示将军抗日历程，进行爱国主义教育。

6. 清廉驿站融合体

驿站民宿风光好，古道清风传道义。清廉驿站融合体依托永利度假村，以清廉文化为主体，以杨梅产业为主导产业，充分挖掘余岭（枫树湾）古道文化与杨梅产业，利用官桥永利度假村，相互整合，形成春民宿体验、夏杨梅采摘 、秋古道徒步、冬村晚表演的旅游链。

（1）到余岭村（枫树湾村），走括苍古道，吃农家菜肴，赏特色村晚，享采摘乐趣。推广括苍古道徒步，括苍古道始建于唐末宋初，是瓯江流域通往京城的要道。目前余岭，枫树湾段道路、古迹依旧保存完好，何文渊清廉自守、却金不受的事迹至今让后人称颂；余岭村农家民宿已初步形成规模，农家菜肴自种、无污染吸引了大量游人。其村晚表演亦可融入莲都婺剧《何文渊》及廉政文化。到枫树湾村，体验采摘杨梅的乐趣，享受乡村的舒适。

（2）官桥可发展火柴盒纪念品产业、民宿体验。民国初期，郑宝琳创建燧昌火柴厂，抗战期间迁至官桥，燧昌公司为战时日用民需做出了贡献，对稳定社会经济发挥了作用。官桥可依托永利度假村发展火柴盒纪念品产业，开展民宿体验。

六、莲都三元融合发展的产品设计

（一）融合发展的基本原则

资源产品化原则。产品是旅游的核心，资源是发展旅游的基础。单具备资源而缺少产品的旅游地是无法可持续发展的，只有将各种旅游资源转化为旅游产品，才能进入旅游市场运作轨道来获得经济收益。因此，在设计旅游产品时，要有机整合资源，合理开发利用，注重创新，突出特色，做到人无我有，人有我优，人优我新。从而获得竞争优势，发挥联动作用，延伸产业链。

产品市场化原则。产品的生存取决于市场，没有市场的产品终将会被淘汰，旅游产品亦是。旅游产品的设计要依据市场导向原则，根据旅游市场需求，最大限度地满足游客的精神、物质需求。

市场品牌化原则。品牌是具有经济价值的无形资产，它能给产品带来“溢价”、产生增值。充分发挥品牌辐射价值，旅游产品具有复制性强的特点，通过品牌打造，能够让游客产生品牌认知，从而区分产品差异。

服务品质化原则。游客旅游是为了享受服务、体验乐趣，简单低劣的服务质量是旅游产品发展的噩梦。只有将服务品质化、高端化、精细化，才能提升游客满意度，增加游客重游率。

人力资本化原则。旅游业属于服务业，而服务业需要大量的专业人士。充分利用当地资源，对当地居民进行高标准、高要求的培训，将人力转化为资本，从而促进旅游发展，实现经济效益。

产业融合化原则。产业融合作为一种经济现象，广泛存在于社会各领域，包括旅游业。多产业融合已成为社会发展的主流形式，“互联网+”就是一个很好的证明。随着“互联网+”概念的深入人心，“旅游+”的概念也应运而生，即旅游+各行各业。多产业融合能够使旅游产品更具内涵，更具创新性。

旅游体验化原则。在体验经济时代，传统的走马观花式的“观光旅游”已无法满足人们的旅游需求。体验式旅游已成为现代旅游不可缺少的部分。因此，在设计旅游产品时，要根据市场需求，增强产品体验效果。

（二）融合发展的创意设计六步法

选主题精定位。融合发展创意的设计首先要构思符合当地文化特色的主题，其次根据文化主题精确定位融合发展的方向。好的主题能加强旅游者在活动中的综合体验感，并容易留下深刻的印象，从而提高旅游产品附加值。选择文化主题时，既要求富有当地文化特色，又要求具有感召力和实践性。莲都拥有白莲文化、畲乡文化、村晚文化、美术文化、养生美食文化等多个主题乡村文化，根据这些主题特色打造“品乡愁筑乡梦只争朝夕创造辉煌，住民宿尝美食回味无穷成就精品。赏村晚深体验情景交融流连忘返，收珍藏享养生津津乐道盛名远扬”的文化意境极为合适。

循文脉聚人气。创意设计要有文化依据，而文脉是创意设计的基础。创意设计需要文脉的支撑。例如，沙溪的畲族山歌文化就是畲族人民生活积累下来的文脉之一。所谓聚人气，就是积聚旅游者的人气。在设计旅游产品时要接地气，让更多的人能够参与体验，这样才能促进旅游发展。

办会展造势场。会展具有强大的经济功能，包括联系和交易功能、技术扩散功能、产业联动功能等。规模宏伟的会展可以打造强大的势场，以创意设计为核心，依托会展平台打造声势，有利于吸引更多的旅游者。

优载体抓落地。优化创意设计的载体，可以更好地从不同层面融合发展。同时，在优化载体的基础上抓落地，保证创意接地气。以沙溪畲族文化为例，畲族的特色歌舞表演、村晚就是较好地表现畲乡文化的载体，不仅可以通过歌舞表演展示其传统的畲乡文化，还可以与旅游者互动。

造意境深体验。创意设计要讲究意境塑造，只有赋予生动丰富的意境，才能激发旅游者内在心理空间的积极主动性，使其积极参与到活动中。目前，古堰画乡景区已经利用这一手段，营造了一个极具艺术气氛的旅游景区。没有体验的旅游已无法满足游客需求，因此，深体验是文化旅游创意的必要内容和方法。

拓产业谋效益。旅游的发展需要不断地挖掘新事物、注入新元素来拓宽产业链。旅游的发展也是具有生命周期的，只有不断地激发新活力，发展新产业，才能延长旅游生命周期，得以持续发展，才能更好地谋求效益。

（三）主题形象设计与品牌打造

我们认为，莲都的主题形象可以为“构筑东方美食养生福地，打造国际村晚文化总部”“美食福地，精彩莲都”“品乡愁筑乡梦，赏村晚深体验，住民宿尝美食，收珍藏享养生”“村晚大舞台，有才你就来”“莲都丽水秀，冒险体验够”。

莲都融合发展的品牌打造，可以从以下几个方面切入：

一是打造“美食福地，精彩莲都”的养生美食品牌。丽水市是国家生态经济示范区，享有“养生福地、长寿之乡”“浙江绿谷”等美誉。侨乡青田是国际知名的厨师培训基地，丽水烹饪基础良好。相比美景和游玩设施而言，乡村养生美食在打造地方品牌、提升旅游地吸引力、带动多行业发展等方面，有着显著的轻优势。莲都拥有丰富的特色食材，莲都打造养生美食品牌势在必行。目前，我国缺乏具有国际竞争力的美食品牌，莲都可以通过发展养生美食、打造国际品牌来填补这块空缺，延伸美食产业链，让食品加工业作为工业区的主导产业，打造国际养生美食城。利用莲都丰富的白莲资源打造莲主题的养生美食品牌，通过向联合国粮农组织，申请莲都白莲世界农业文化遗产，建设莲都文化国际品牌，实现莲养生美食品牌化。

二是打造莲都中国国际村晚文化总部。莲都打造村晚文化总部基础条件好。2014 年春节期间，丽水市先后有 427 个行政村自办村晚，自办“村晚”遍地开花。一台由村民自己为家乡父老打造的新春特别节目，充满动感的演唱、情深意切的歌舞、幽默搞笑的小品，还有村民自创的快板、小品、三句半等具有乡土气息和时代特征的节目，演出精彩纷呈，欢声笑语。莲都区在原有 20 个自办“村晚”行政村的基础上，发展“村晚”观摩村 22 个，培育村 38 个，并将所有的“培育村”安排到 22 个“村晚观摩村”进行学习①。“村晚”这一健康的娱乐活动，把人们从酒桌和牌桌上“解放”出来，可通过举办“中国国际村晚综艺大奖赛”，创建“浙江村晚文化研究院”，活化村晚运营机制，国际化“村晚”，打造莲都中国国际村晚文化总部。

三是打造国际“天天乐”文体娱乐品牌。莲都广场舞“天天乐”

---

① 陈建生．丽水乡村“文化过大年”：427 台“村晚”构筑 110 多万农民文化梦［J］．丽水日报，2014－2－17.

文体活动是浙江省公共文化服务体系首批10个示范项目之一，目前已建成60个“天天乐”文体广场，每个站点每天都有戏曲演唱、太极、排舞等多种文化活动。莲都“天天乐”文体广场仍在新增，催生出了上百个优秀的民间文艺团体，形成了一定的规模。“天天乐”文体广场活动具有亲民性、娱乐性与健康性、社会性与公益性的特点，是一项深受广大市民、农民欢迎的民心工程，是一个没有围墙的百姓文体乐园，全民可参与体验。“天天乐”文体品牌的创建将切实保障人民群众基本文化权益，提升莲都文化软实力，推动莲都文化大发展、大繁荣。实现标准化体系，有助于中国广场舞文化推向国际舞台。

四是打造古堰画乡巴比松油画纪念品品牌。古堰画乡目前是中国著名美术写生基地、油画生产基地、中国摄影之乡和丽水巴比松画派的发祥地，拥有深厚丰富的美术文化。20多年来，油画家们守望家园，走向自然，形成了独特的丽水巴比松文化。然而，艺术氛围浓郁的古堰画乡，其油画产业局限于油画上，未进一步开发纪念品产业，莲都可在原有的油画技术的基础上，推出带有巴比松艺术特色的油画纪念品，发展成油画纪念品产业。除了原有的一些手绘地图、衣服、鞋子之外，还可以在一些生活必需品如雨伞、包、笔记本、鼠标垫、U盘等上加入油画部分，既实用，又美观，还能起到旅游宣传的作用。旅游纪念品是旅游六要素“购”的重要一环，值得大力发展，发展巴比松油画纪念品品牌前景良好。

五是打造北埠南明养生茶品牌。北埠村自然风光得天独厚，群山皆盛产好茶，拥有万亩茶园，是莲都的茶叶产业基地。北埠村茶叶产业优势明显，但一直没有品牌支撑，发展缓慢，树立符合当地特色的茶文化品牌至关重要。例如，“北埠南明养生茶”文化品牌集合了北埠、南明湖与丽水养生福地的内涵。再融入茶艺歌舞表演、茶美食、茶文化，打响北埠茶品牌，促进北埠茶文化、茶餐饮、茶演艺产业长远发展。

六是打造丽水秀文化体验品牌。依托南明湖国家水利风景区、九龙国家湿地公园、冒险岛等优势，创设一批水上体验项目，如皮划艇赛事、水上飞板、水上高尔夫等。打造水上娱乐体验平台，助推莲都文化产业旅游融合和体验经济发展。

（四）莲都文化体验产品创意设计

莲都文化旅游产品创意设计，以文化（艺术节庆、诗词歌赋、工艺美术）为切入点，清廉和高洁文化为辅助；以会展（论坛博览、摄影书画、文化大赛）为突破口，园区和品种建设为辅助；以养生（协同创新、养生美食、村晚民俗）为着力点，莲花和莲子生产为辅助；以产业（莲深加工、品牌创建、平台构建）为主战场，种植和物种集聚为辅助；注重赛事经济、会展策划和系列节庆的打造。

1. 重大赛事体验活动

赛事活动具有加大举办地区旅游宣传、提高举办地区知名度、增加举办地旅游收入、提升举办地旅游营销能力、改善举办地区旅游市场客源结构、促进旅游文化交流等积极影响，莲都举办大型赛事对莲都的文化、旅游、产业的发展均有推动作用。

中国国际养生美食大赛——养生美食福地。莲都特色食材丰富，有处州白莲、北埠养生茶、香菇、知了等，举办中国国际养生美食大赛与丽水养生旅游发展方向一致。利用丽水城区的美食城产业优势在应星南明融合体开展中国国际美食大赛，有助于莲都打造“美食福地，精彩莲都”的养生美食品牌，加深游客体验，提高国际化水平，确立莲都在养生美食方面的地位，扩大知名度。

中国国际村晚综艺大奖赛——村晚大舞台。以“村晚大比武，莲都丽水秀”为主题，以“村晚大舞台，有才你就来”“文化竞技场，平凡出精彩”“村晚，咱百姓自己的舞台”“广阔农村，大有作为”为口号，在老竹畲乡融合体内举办中国国际村晚综艺大奖赛。将莲都特色文化融入村晚的表演中，评选金豹奖、雪豹奖、十大“民星”和十大经典村晚等；与“天天乐”品牌整合，开展留学生“村晚”大舞台，逐步走上国际化道路，推动莲都国际村晚文化总部的打造。

中国国际龙舟大赛——莲都丽水秀。南明湖是瓯江的一江碧水在丽水市区汇成的一湖清波，在此附近河段开展中国国际龙舟大赛意趣盎然。赛龙舟是我国民间传统的水上体育娱乐项目，它体现了我国传统历史文化的继承性，反映了集体主义精神。瓯江南明湖段水流平坦，周围风光独好，非常适合举办水上运动。

中国国际茶艺大赛——北埠南明养生茶品牌。茶艺是饮茶活动过程中形成的文化现象。北埠茶文化广场即将兴建完毕，是举办茶艺大赛的绝佳场所。国际茶艺大赛还可增加北埠南明养生茶的知名度，弘扬茶文化。

全国广场舞曲艺大赛——天天乐品牌。广场舞曲艺大赛，不但体现了广场舞爱好者们的热情和活力，也是莲都展示地方特色艺术的大舞台。应星南明融合体中的丽水城区是莲都区的政治、经济、文化中心，已拥有“天天乐”文体广场 14 个，是举办广场舞曲艺大赛的不二之选。天天乐广场舞曲艺大赛，有助于推动“天天乐”品牌的创建，推动中国广场舞文化走向国际。

2. 会展项目策划

会展有其特殊的广告效应、信息互动交流功能和多层次科学普及功能，会展可以直接和间接地带来经济效益，取得相关产业的带动作用①。

中国国际养生美食博览会（养生美食节/养生美食产业高峰论坛）。联合中国未来研究会、养生旅游专业委员会、联合国际旅游学会、中国有机农业产业发展联盟、丽水市餐饮协会及社会食品集团在应星南明融合体举办中国国际养生美食博览会，包含主题特色展区（中外养生精品展、莲都养生美食展）、养生美食节、养生美食产业高峰论坛等活

---

① 李燕．浅议会展功能及会展经济［J］．芜湖职业技术学院学报，2002（4）．

动；通过会展为莲都创建养生美食商业模式打造基础；利用网站、微博、微信、邮件、传真、信件等多渠道、多角度推介，强力邀约国内外养生食品经销商、代理商、直销店、连锁商超、电商到会。

古堰画乡中国国际摄影文化艺术节。举办古堰画乡中国国际摄影文化艺术节，丰富古堰画乡摄影艺术氛围，吸引旅游者。其间开展中国国际摄影展、“古堰画乡”摄影大赛、摄影采风活动、摄影交流活动、浙江省大学生摄影展颁奖暨高校摄影座谈会等，与全世界摄影器材销售商合作开展摄影器材展销会。

中国莲都国际村晚综艺文化节（华东村晚论坛/全国村晚论坛）。通过联合国教科文组织，于老竹畲乡融合体中举行“中国莲都国际村晚综艺文化节”，为打造莲都国际村晚文化总部打造基础。其间展出村晚相关的经典著作，开展村晚“百家讲堂”、华东村晚论坛，为建设国际村晚培训基地、“浙江村晚文化研究院”提供支持。

丽水瓯江国际运动休闲文化节。丽水是瓯江的发源地，八百里瓯江最瑰丽河段穿莲都区而过，在瓯江莲都段举办国际运动休闲文化节，主打水上运动，开展国际皮划艇挑战赛，同时可进行划艇技术交流会、户外装备展销会等会展活动。

北埠南明养生茶文化节。北埠村生态环境优美，是丽水养生休闲好去处。在北埠南明养生茶文化节期间，北埠可推出茶之旅（体验赏茶、采茶、炒茶）、茶之盛会（品茶、茶艺表演）、养生茶宴（茶养生餐饮美食、茶点心）等主题活动。

3. 系列民俗节庆

中华传统节日多种多样，是我们中华民族悠久历史文化的一个重要组成部分。从远古先民时期发展而来的中华传统节日清晰地记录着中华民族丰富而多彩的社会生活文化内容。旅游节庆具有宣传当地经济、社会和文化，吸引更多的游客，带动相关产业的繁荣和发展，促进文化交流等作用。

畲乡老竹民族系列文化节。畲族的传统节庆丰富且独具特色，沙溪村为畲族风情旅游村，畲族人口占96%以上，畲族传统节庆得到了传承。每月均可举办节庆活动，如正月“春节”，正月十五“元宵节”，二月二“土地神节”，三月三“乌饭节”，四月初八“牛节”，五月初五“五月节”，夏至后第一个辰日“分龙节”，六月初“晒霉”，七月初五“庆丰收”，八月十五“中秋节”，九月九“重阳节”，十月可举办“莲都山水旅游节”，十一月“冬节”，十二月“过年”。一年十二月畲乡特色节日不间断，有利于吸引旅游者。

碧湖七彩田园系列文化节。碧湖镇土地肥沃、水源充足，是传统的农业大镇。目前，已建成“碧湖区块千亩钢管大棚蔬菜基地”“碧湖平原省级现代农业综合区”和千亩嫁接西瓜基地、万亩无公害长豇豆基地。碧湖可依靠农业资源和田园风光举办碧湖七彩田园系列文化节。春季举办桃花节、草莓采摘节、枇杷艺术节、大地艺术节；夏季开展西瓜艺术展、火龙果采摘节、杨梅展销节、莲都莲花节；秋季举行菊花展、碧湖稻草节、葡萄采摘节、莲都枣美食节；冬季打造莲都养生美食节、水仙花节、橘子采摘节、农业科技交流节等。

西溪道德系列文化节。西溪村村民以德治村、以德为基、积德行善，千年来，德文化氛围浓郁。积善堂、与德为邻屋朱氏宗祠等无不体现着德文化对西溪的深厚影响。可依托西溪深厚的德文化举办德文化传承节、九九重阳敬老节、养生体育文化节、西溪花展、香菇宴美食节、大地艺术节、西溪葡萄采摘节、“清凉盛宴”七月西溪戏水节、书画艺术展等文化节。

4. 旅游线路设计

莲都精品游。东西岩（游览东西岩）—沙溪（体验畲乡风情、品尝沙溪畲乡药膳美食、观赏山哈歌舞表演、住沙溪畲族特色民宿）—周坦（赏莲花、品全莲宴）—古堰画乡（游古堰画乡、住特色民宿）。

畲乡老竹药膳美食游。东西岩（游览东西岩）—沙溪（品尝沙溪畲乡药膳美食、欣赏沙溪畲族特色歌舞、村晚表演、参加畲乡老竹民族系列文化节、住沙溪畲族特色民宿）—西溪（体验西溪道德系列文化节、品尝香菇药膳美食）—余岭（到余岭村/枫树湾村、走括苍古道、吃农家菜肴、享乡村野趣）。

北埠南明茶饮美食游。周坦（春季品莲，夏季赏莲子，秋季采莲花，冬季挖莲藕）—里河（体验碧湖七彩田园系列文化节、住田园民宿）—北埠（参与北埠南明养生茶文化节、夏天可水上娱乐、参观水利文化长廊感受莲都水利文化、品尝北埠南明茶饮美食）。

古堰画乡江鲜美食游。堰头村（参观水利文化博物馆、古街、古堰、古亭、古村落和古樟树群，坐船感受瓯江风光）—大港头村/河边村（游古街、购巴比松艺术特色油画纪念品、参加古堰画乡中国国际摄影文化艺术节、赏河边村晚唱响红歌、品古堰画乡江鲜美食、住在水一方/古堰画乡特色民宿）—松坑口村（吃湖羊、游湿地、住别院）。

养生庄园美食游。梁村（品乡愁、感受梁村武术文化）—利山（赏荷花、住养生庄园、网络远程定制养生药膳）—南山（杨梅采摘、南山祈福、南山民宿）。

七、莲都“三元融合”发展对策建议

（一）科学规划引领，强化目标导向

将融合发展作为打造乡愁旅游目的地的必由之路，尽快确立“一六六”战略目标，并纳入“十三五”整体规划分步实施。优先发展应星南明、古堰画乡和畲乡老竹三大融合体，继而推进六大融合体协同创新，带动莲都全域发展。

（二）构筑国际平台，打造辐射高地

以国际化平台为抓手，促进文化产业跨境发展，打造辐射高地，辐射全世界。可考虑与韩国丽水市加深友好城市关系，共同推进“生态之城”发展“丽水秀文化高地”；开展留学生“村晚”大舞台，推动莲都文化国际化。

（三）组建专家智库，实施智力扶持

建立专家组，集合专家智慧，提供具有针对性的智力扶持，更好地为文化产业旅游融合发展而服务。

（四）实施项目评审，注重成果激励

进行多次项目评审，全面听取各方专家意见，积极改进。对旅游经营者、旅游目的地居民进行成果激励，使其主动创新维护“自己”的旅游产品。

（五）创设赛节会展，强化系统推进

赛事、节庆、会展具有强大的经济功能，有条理、规范地推进体系能显著提升赛节会展的效果。

（六）创新商务模式，深化文化体验

以创新商务模式为抓手，深化文化体验产品，延伸乡村文化产业价值链，建立文化产业旅游融合体；启用莲都村晚民宿复合模式，进行村晚星级认定、建立专家理事机制、开展乡愁乡梦体验、构筑网络定制菜单平台等，创新运营机制，融合村晚与民宿，推进乡村文化产业旅游融合发展工作“系统化”；“养生庄园”可作为未来莲都民宿发展的重要目标模式进行探索与实践。

（七）注重多元协同，强化产业融合

文化产业旅游发展注重文化、产业、旅游协同发展，有效地进行功能融合，发挥功能效益。

（八）创新体制机制，推进整合提升

以“四个全面”为指导，改革与优化莲都管理体制，提高区域治理水平和政府效能。以创新运营机制为抓手，深化改革创新，创新文化旅游投融资机制、旅游融合发展新机制，推进整合提升。

小结

本书针对区域旅游融合发展存在的突出问题，结合乡村旅游、生态旅游、养生旅游趋势，探索了文化产业旅游融合发展新模式和旅游融合体新概念，进而分析了文化产业旅游融合发展的多元化效应，提出了促进区域文化产业旅游融合发展的新思路与创意设计乡村旅游体验产品的新方法。

莲都文化产业旅游融合发展势在必行。我们通过实地考察和广泛调研，分析莲都文化产业旅游融合发展的条件和优势，进一步明确了区域发展战略定位及旅游融合体的战略格局，进而策划设计了莲都系列化旅游体验产品。我们研究提出莲都“一六六战略”，把“构建东方养生美食福地，打造国际村晚文化总部”作为战略目标，以“美食福地，精彩莲都”为主题创建养生美食体验区，以“村晚大比武，莲都丽水秀”为主题打造莲都国际村晚文化总部，以“浪漫莲都，美丽生活”为主题打造有故事、有灵魂、能富民的主题村落体验区，并将美食天堂、乡村春晚等作为民宿旅游目的地发展的重要支点，以旅游融合体为乡愁经济的重要节点，把莲都打造成一个“品乡愁，筑乡梦；住民宿，尝美食；赏村晚，深体验；收珍藏，享养生”，拥有“月月旺”与“天天乐”的乡村旅游胜地。创新与拓展莲都乡村旅游的新业态、新体验、新产品，大力发展乡村体验经济，努力打造国际知名旅游品牌，创建国家乡村旅游融合发展实验示范区。

我们坚信，只要我们坚持科学发展、融合发展和跨越发展，莲都发展战略目标一定能够实现，莲都一定拥有辉煌灿烂的明天。

第二节　关于加快发展马仙故里民俗文化旅游的建议

“十三五”期间，浙江省将大力推进国家东部生态文明旅游区建设。加强四省联动，积极推进浙闽赣皖交界地带设立国家东部生态文明旅游区，合力打造以“绿色发展+生态可持续+省际协作+兴业富民”为主要特征，以“世界级旅游吸引物集群+美丽乡村集群+特色小镇集群+省际高效统筹联动机制”为核心竞争力的世界级生态文明旅游创新发展示范区。景宁要立足实际抢抓机遇，在加强互联互通、搭建合作平台、拓展合作范围、深化合作内涵等方面率先发力，争当主角。景宁马仙故里文化旅游，拥有独特优势，值得深入研究。

马仙故里民俗文化体验旅游发展策略

景宁拥有“马仙故里”的独占性民俗资源，这是做好马仙故里民俗文化体验旅游的先天基础。建议重点加强以下四大板块建设。

一是加快马仙殿硬件建设，完善中国马仙故里民俗文化旅游节平台。

二是联合福建马仙资源，健全马仙民俗文化旅游联建共享机制，共同做大浙闽马仙故里民俗文化旅游项目。

三是充实丰富马仙民俗文化内涵，建设马仙旅游的精神平台。搜集整合福建、景宁各乡镇的马仙民俗文化资源，整合做大做强景宁马仙民俗文化旅游；积极参与马仙连续剧拍摄，目前福建等地市已开展相关工作，景宁可积极参与。

四是积极发挥马仙民俗文化导向作用，打造马仙故里民俗文化旅游产业平台。可以借梯上楼、借风使力，民间来做，民意沟通，民间友好，民间合作。

我们坚信，马仙故里民俗文化在国家东部生态文明旅游区建设中，可以发挥重要作用。

第三节 全国少数民族工艺博览城研究

在充分把握文化生态资源优势与发展基础的同时，我们必须深刻认识到景宁目前存在一些突出的困难与问题：一是经济发展基础薄弱，主导产业不突出，文化生态发展潜力没有充分发挥，土地、人才、资金等要素存在一定制约，生态优势转化为经济优势任务艰巨。二是公共服务设施建设水平仍需进一步提升。山区人口、适宜建设用地分散，自身财政实力有限，基础设施建设和公共服务配套投入成本高而贡献率低。三是总体实力提升面临内生动力不足、制度不完善等难题，经济建设与生态维护矛盾显现，土地流转、生态补偿等制度的不完善容易引发征地拆迁、民生保障等一系列社会问题，造成工业化、信息化、城镇化、农业现代化建设较其他地区困难。这些问题迫切需要破解。

一、打造中国少数民族工艺博览城势在必行

一是战略任务要求：景宁创建全国畲族文化总部，已经得到浙江省委、省政府的高度重视和明确支持。到2017年，景宁要成为全国120个少数民族自治县的文化建设示范。这些重要的战略目标，都需要具有战略性、具有辐射性的重大项目载体支撑。

二是发展形势需要：从全国来看，国务院《关于推进文化创意和设计服务与相关产业融合发展的若干意见》（国发〔2014〕10号）文件，明确大力推进文化产业融合发展；并指出，推动文化产业与旅

游、体育、信息、物流、建筑等产业融合发展，增加相关产业文化含量，延伸文化产业链，提高附加值。从浙江省来看，加快文化强省建设、打造全国文化发展示范区。认真落实“以文化人、以文惠民、以文强省”的理念，深入实施文化发展“六区”计划，努力打造浙江文化升级版，为建设物质富裕精神富有的现代化浙江做出贡献。着力实施《浙江省文化厅关于认真贯彻落实中央十八届三中全会和省委十三届四次全会精神 深入推进文化体制机制改革创新的实施意见》和《改革创新项目表》，完善文化管理体制，全面改革创新各领域工作机制，进一步提升文化运行效率，努力创造浙江文化体制机制新优势。省文化厅文件明确指出，将继续落实对景宁文化的帮扶机制。继续支持国家级综合改革试点的文化建设。从景宁来看，文化总部和经济总部，需要衔接、相互融通。文化总部建设，也特别需要文化引领和产业推进双核驱动，更需要国家级大项目支撑。全国少数民族工艺博览城，既是文化项目，也是经济项目，是一个具有战略意义的文化产业融合项目。

三是景宁必由之路：增强景宁城区人口和产业的集聚力，在全国首创“中国少数民族工艺博览城”是必然选择。景宁实施大城区建设工程，推进新型城镇化。按照泛城区统筹发展的理念，将中心区外延拓展至敕木山和外舍，统筹规划建设县域核心圈，坚持文化引领、以文养城，实施大城区建设三年行动计划，形成拥有宜居、宜业、宜游功能的人口要素集聚的大城区，集聚了全县人口的70%～80%。优化大城区空间布局，按照“一城两翼”的飞鸟战略，统筹推进外舍新区、老城区、澄照副城、环敕木山风情度假区四大功能区块建设，加快建设以“一新一老一副一环”为组团的大城区。

因此，全国少数民族工艺博览城项目，是景宁全国畲族文化总部的重大战略支撑性项目，是着力推进景宁全国性公共文化服务示范区、文艺精品创作繁荣区、文化遗产保护模范区、文化产业发展先行区、优秀文化人才集聚区、文化体制机制创新区建设的有效落地和实施，也是创建全国文化建设示范县、推动畲族文化总部和景宁经济总部协同发展的必由之路。

二、创建中国少数民族工艺博览城的条件分析

一是区位优势：长三角和海西区的双重辐射的地理优势；贴近义乌国际商贸城和杭州电商之都，便于借鉴国际贸易经验和创新商业模式；高速已经通车，并且丽水机场建设在即。距离温州只有一小时车程。

二是用地保障："工艺博览城项目"明确功能定位，选择外舍的基地条件比较优越。外舍新区，是未来景宁经济社会发展的重要引擎。现有规划方案中的"国际商贸城"项目，可以整体调整为"中国少数民族工艺博览城"项目。用地性质不变更。通过规划方案优化，可以为"博览城"预留足够发展空间（20 公顷）。

三是产业基础：景宁文化基础比较雄厚，已经获得浙江省公共文化示范区和示范项目"双示范"。景宁畲祖烧陶艺、编制、彩带、服饰等已经形成产业规模。其中景宁植物陶项目，2013 年获得国家专利。依托现有基础，景宁可以争取"中国民族工艺品之乡"品牌。

四是政策优势：按照国家发改委〔2013〕2681 号文件和浙江省发改委〔2013〕1235 号文件等，享受中部地区优惠政策，出台相关制度，积极争取中央预算项目。发挥民族自治县的政治制度优势，用足用活国家政策。

五是产业链支撑：丽景工业园区、澄照农民创意产业园区已经启动招商计划。浙江省畲族文化创意产业园区已经获得立项。在此基础上，景宁可积极争取"全国大学生创意设计中心"落户全国少数民族工艺博览城，实现优势集聚。这样，可以促进形成区域完整的工艺品产业链，谋求互利多赢，实现整体利益最大化。

六是以创新思路拓展新产业。用好"畲族"与"生态"两张"金

名片”，突破传统的产业发展模式，打破就资源谈开发的思维局限，创新特色产业发展思路、空间布局和落实举措。在空间布局上，树立“百鸟朝凤”的新思路，坚持把景宁作为全国畲族文化总部和工艺品产业“辐射中心”来规划和建设，做好“全国少数民族工艺博览城”和新型城镇化建设、“畲族文化总部”建设等领域的深度融合，实现景城合一、城乡互动、产业融合。

三、创建中国少数民族工艺博览城的战略举措

一是景宁县委县政府要尽早出台《加快推进中国少数民族工艺博览城的实施意见》，及时调整和提升《外舍新区建设发展规划》，加快博览城建设项目推进力度。整合资源协同推进民族学院、浙江省畲族文化创意产业园、大学生创意设计中心等系列配套项目，以及中国畲族文化研究院等系列机构。

二是积极争取国家民族宗教委员会和商务部的支持，创造条件积极举办“中国少数民族工艺博览会暨工艺品产业学术研讨会”“中国少数民族工艺品创意设计大赛”，积极争创“中国民族工艺品之乡”品牌。

三是积极争取上级支持，并出台扶持政策。构建博览城、博览会、开发区和创意园区协同机制，明确主导产业发展战略方向。统筹推进丽景民族工业园和县内澄照“农民创业园”等产业园区建设。在园区布局上，综合考虑园区内的产业布局、功能分区、服务配套和环境保障，注重园区与周边区域发展的配套和接轨，注重提高园区投资强度和产出效益，按照“土地集约、布局集中、产业集聚”的原则，科学编制园区发展规划。在产业导向上，坚持面向市场，用好招商引资优惠政策，遵循“绿色、生态、科技”的理念，明确园区发展导向。丽景民族工业园要抓住丽水飞机场重新选址的契机，超前谋划，提前布局，积极接轨建设“空港物流园区”。要坚持产城互动，注重产业集聚与人口集聚的协调推进，本着让下山转移农民既安居又乐业的原则，着力发展少数

民族工艺品产业。借鉴义乌国际商贸城和杭州电商的成功经验，积极探索与构建工艺博览城体验商务模式，大力开发博览城文化体验旅游产品。

四是以创新理念建设“新城区”。打破城镇化建设的传统惯性思维，把生态文明理念融入我县新一轮城镇化建设全过程。在规划定位上，坚持高起点规划、高标准设计，本着“让文化走入生活，让城市留下文化烙印”的指导思想，把民族、生态两大特色优势融入城市规划设计中，努力建设独具畲乡特色的风情小镇、小县名城。在建设布局上，突破目前县城以老城为主的单体格局，明确“一新一老一副城”的县城组团布局，统筹推进外舍新区、鹤溪老城和澄照副城三大功能区块建设。着力加快“新城区”开发，努力把外舍新区建设成集现代商务、文化创意、休闲旅游为一体的新型城市综合体。在管理机制上，积极推进以人为重点的城镇化进程，努力解决当前城乡“二元结构”突出等问题，着力促进农业转移人口市民化，积极推进城镇户籍、公共服务、社会管理等相关政策、体制创新，激发城镇化发展的内在活力。

四、中国少数民族工艺博览城的前景分析

（1）环境效益：通过大力实施文化产业融合发展，形成全国少数民族工艺品产业集聚区和博览城及其体验旅游产品，实现产业结构优化，推动转型发展。有利于转变生产方式，推进生态文明五位一体，打造资源节约型社会和环境友好型社会。

（2）社会效益：直接带动扩大就业近期可达到 1 万人以上，远期可达 5 万人以上。通过创新驱动、内涵发展，促进文化产业融合发展，实现对外辐射和品牌示范，为景宁全国文化建设示范县提供重要支撑。使景宁早日成为全国产业文化驱动新型城镇化的样板。

（3）经济效益：使得丽景工业园区和澄照农民创意产业园发展战

略定位更加清晰，为招商引资和产业集聚明确方向。博览城，可以成为全国少数民族销售展示中心、拍卖中心，促进民族工艺品价值增值，形成一批知识产权和无形资产。到 2017 年，博览城年销售收入可达 2 亿元。预计到 2020 年，可以形成全国知名的少数民族工艺品产业的集聚区。

第六章

生态文明与精准扶贫模式创新

第一节　全产业链协同创新精准扶贫黔西南模式研究

贵州省黔西南州是国家“星火计划、科技扶贫”试验区。为深入贯彻落实习近平总书记关于扶贫开发系列重要讲话及《中共贵州省委贵州省人民政府关于坚决打赢扶贫攻坚战确保同步全面建成小康社会的决定》(黔党发〔2015〕21号)、《中共贵州省委办公厅贵州省人民政府办公厅印发〈关于扶持生产和就业推进精准扶贫的实施意见〉等扶贫工作政策举措的通知》(黔党发〔2015〕40号)精神，结合全州实际，中共黔西南州委 黔西南州人民政府印发《关于坚决打赢扶贫攻坚战确保同步全面建成小康社会的实施意见》(州党发〔2015〕12号文件)。黔西南贯彻“创新、协调、绿色、开放、共享”五大理念，积极探索与大力实施“易地搬迁扶贫工程”谋求跨越发展。

由各民主党派中央联合推动的黔西南精准扶贫工作以“中国美丽乡村·万峰林峰会”和“国际山地旅游大会”为载体，“智力”帮扶从教育、科技、医疗卫生、产业发展等方面密集展开。在各民主党派和地方政府的共同努力下，一批惠民富民的“造血功能”项目相继落地，精准扶贫成效凸显。

习近平总书记在视察贵州工作时强调，“扶贫工作推进到今天这样的程度，贵在精准，重在精准，成败之举在于精准”。值得注意的是，黔西南精准扶贫和全面小康建设过程中，还存在“精准”程度不够高的几个突出问题：一是缺乏精准引领；二是缺乏精准对接；三是缺乏精准设计；四是缺乏精准平台。这些问题已经成为制约特色发展和精准扶贫成效的瓶颈，迫切需要尽快克服和解决。

民进浙江省委积极践行“同心·彩虹行动”，针对扶贫工作中存在的突出问题，积极探索与实践“全产业链协同创新精准扶贫模式”，取得了较好效果。

一、贫困地区形成的主要原因及现行扶贫存在的主要问题

每个长期贫困地区，其形成原因各不相同。但从总体上看，主要可归结为以下几个方面：一是自然条件恶劣与基础设施落后，缺乏区域战略精准引领。“价值在于发现”，贵州黔西南地区的生态和文化旅游资源禀赋没有得到充分重视和有效开发利用。尽管“天无三日晴，地无三尺平”的交通状况已经得到根本改变，但是县域的旅游交通及公共设施配套，还有待进一步完善。二是发展理念陈旧与创新意识淡薄，文化教育落后与生活方式欠佳，缺乏精准对接。资源导向型发展理念，缺乏创新创意。长期以来，我们一直重视稻米与莲藕等资源型产业产品，而忽视对创新创意、文化体验和品牌创建的重视和扶持。我们贵州是全国不可多得的“公园省份”，是旅游资源大省。但是，区域形象一直不好。这或许与中小学教材中《黔驴技穷》《夜郎自大》两篇课文有重要关系。我们应该多宣传遵义会议和茅台酒，传递贵州的正能量。三是生产方式落后与经济效益低下，文化教育与产业严重脱节，缺乏精准设计。少数民族地区的民族工艺，具有深厚的文化积淀，富有极高的艺术价值和市场价值，应该成为民族地区生产方式和生活方式的一个重要组

成部分，纳入全产业链进行开发设计。四是城镇化水平低下和高端平台缺失，是贫困地区发展的一个不可忽视的重要瓶颈。小农经济，如何对接国际大市场，我们认为只有通过构筑智慧高端精准平台才能实现。舍此别无他途。

针对贫困地区存在的上述主要原因分析，可以看出，我们现行扶贫工作过程中存在的主要问题，有以下几个方面：

（1）缺乏精准引领。贫困地区，缺乏政府主导的区域发展战略系统策略及全产业链协同创新的保障措施。缺失《区域发展战略规划》的一些贫困地区，往往“一任书记，一个发展思路”，变化莫测、莫衷一是，短期行为、急于求成，甚至“超低价出让”优质资源招商引资。战略目标定位模糊导致决策失误，造成区域重要发展机遇被“断送”，屡见不鲜。精准扶贫，首先必须解决帮助贫困地区科学制定发展战略，做好精准引领。这是贯彻落实精准扶贫的重要前提。

（2）缺乏精准对接。扶贫工作零星化、破碎化与表面化的状况比较突出。扶贫工作涉及面广。往往多头并进，各自为政，缺乏协同和持续跟进。不少单位和个人组织扶贫活动，热衷于送钱送物、送医送药、送文化送温暖。贫困地区的深层次问题和导致贫困的根本因素没有得到有效治理，直接影响到扶贫工作的成效。精准扶贫，就是要整合资源、凝智聚力，按照贫困地区的实际需要有的放矢开展针对性的扶贫，实施精准对接。这是精准扶贫的关键所在。

（3）缺乏精准设计。帮扶营造贫困区“造血功能”的系统机制严重缺乏。授人以鱼，不如授人以渔。要围绕增强社会经济发展的创新驱动力，不断加强供给侧改革，把扶贫着力点放在“造血功能”的营造上，这是精准扶贫和有效扶贫的根本措施。易地搬迁，客观上为区域人口和技术集聚提供了重要机遇。但是，易地搬迁如果没有精准设计，不能够按照科学规划稳步推进，与特色小镇功能聚合及产业发展相匹配、相协同，也可能因为产业空心化而造成贫困持续化。个别地区相继出现的产业空心化“鬼城”教训值得吸取。针对贫困地区实际，开展因地制宜的“造血机制”功能、全产业链延伸和特色小镇建设等系统精准设计，是精准扶贫的核心内容。

（4）缺乏精准平台。贫困地区之所以贫困，就是因为难以形成优势集聚，而集聚优势的前提，就是必须要有智慧高端精准平台。浙江义乌国际小商品博览会，就是这样一个智慧高端平台。浙江武义国际养生产业博览会，也是一个很成功的智慧高端平台，它成功地推进了浙江武义县由一个欠发达县一跃而成为全国百强县。可见，这类智慧高端平台在推进区域发展过程中发挥了至关重要的作用。贫困地区要实现跨越发展，必须抢占战略制高点，构筑智慧高端精准平台，借此平台的功能，不断创造和集聚优势，形成核心竞争力，辐射和带动相关产业大发展。因此，帮助贫困地区，构建智慧高端精准平台，是贯彻落实精准扶贫的重大项目。

（5）缺乏精准对接。各级政府、各级组织和社会各界人士都十分关注精准扶贫工作，也非常愿意参与精准扶贫工作。但是如果没有精准对接，则可能做无用功、事与愿违。因此，激活机制，精准对接是实施精准扶贫的重要保障

因此，我们认为，精准扶贫应该细化为精准引领、精准对接、精准设计和精准平台等系统工程，其中精准引领是重要前提、精准对接是关键所在、精准设计是核心内容、精准平台是重大项目、精准对接是重要保障。

二、浙江民进省委全产业链协同创新精准扶贫模式构建

中国民主促进会，积极实施彩虹行动，要在精准扶贫中再立新功。发挥党派联系广泛人才集聚的优势，实施统一战线集聚智慧，齐心协力开展扶贫攻坚。政府主导战略引领，企业主体贯彻低利润战略，实施有效投资驱动扶贫。全产业链整合易地搬迁，实施特色小镇功能聚合，推

动转型发展扶贫。全产业链整合延伸，激活机制实现小农户对接大市场，提升效益扶贫。

（一）目标导向凝智聚力，组建民进全产业链精准扶贫团队

实施民进中央“同心·彩虹行动”以来，民进浙江省委会精心挑选会内专家和企业家组建针对黔西南全产业链精准扶贫专家团队。民进省委会副主委亲自挂帅，团队成员由养生旅游专家、古村落保护规划设计专家、中国城市转型发展联盟理事长等组成。民进浙江省委会多次组织黔西南扶贫专题研讨会。组织专家赴黔西南安龙持续开展课题调研、设计专题扶贫方案、召开精准扶贫项目对接会。2016 年 6 月 21 日下午，民进浙江省委会在富阳召开帮扶贵州安龙县发展座谈会。省委会分管副主委、社会服务处处长，杭州市委会秘书长、社会服务处副处长、杭州市滨江区教育局学前教育中心主任、浙江外国语学院旅游规划专家、浙江工业大学环境设计专家、浙江民进企业家联谊会值年会长等 20 余人参加了本次座谈会。在顺利完成前期图书馆捐建、幼儿园教师培训、改善乡村幼儿园硬件设施、帮助坝盘村旅游业发展规划的基础上，将进一步加强养生旅游业、养生农业产业化的项目对接；继续做好学前教育的帮扶，除捐赠幼教教材外，点对点帮助乡镇幼儿园改善办学条件；促进中国城市优化发展服务商联盟与黔西南地区达成战略合作，在“互联网＋”背景下带动安龙行业发展。

（二）高瞻远瞩精心谋划，深入调研量身定制强化精准引领

精准引领：强化基于区域优势的国际化战略目标导向。黔西南要进一步明确战略引领，强化目标导向。一是要积极创建养生农业国家公园，尽快构建从田头到舌头的养生产业链。二是要积极创建养生体育国家公园和养生体育示范县。努力创新安龙太极文化，大力推进学校养生体育课程开发，尽快创建安龙太极武术职业学院。积极推进太极武馆连锁辐射，并切实做好包括公费医疗共享的养生体育政策配套。三是要争取中国生态学会的指导和支持，积极创建全国生态文明示范县。四是要

积极创建中国养生旅游示范县，努力创建国际养生旅游品牌和养生体育品牌。2016 年 7 月 5 日下午，民进浙江省委会在杭召开帮扶贵州安龙县项目推进会。为了提高精准扶贫工作的有效性，与会人员就帮扶安龙县发展项目如何落地进行了探讨。会上介绍了“中国城市转型优化发展服务商联盟”对安龙县的投资意向及相关低碳环保智慧产业和健康农业的发展规划，争取以发展健康养生的农产品为切入点，进行养生农产品的种植、销售、深加工，带动当地农民勤劳致富，并逐步建成低碳、环保、高效、节能的智慧城镇、智慧农村。专家建议，可充分发挥黔西南的生态资源优势，借力会内旅游规划人才优势，帮助安龙县打造成为“全国生态文明示范区”“全国养生旅游示范区”“全国养生体育国家公园”和“全国养生农业国家公园”。

（三）政府引导企业主体，着力构建全产业链精准对接机制

精准对接：构建智慧集聚与区域需求对接的有效机制。要充分发挥民主党派智慧集聚优势，开设“万峰林大讲坛”。建议该讲坛民主党派推荐业界和学界有实力的专家，按照全产业链要求，创建扶贫培训课程库，有计划分批次地开设针对性的专题讲座和学术报告。可安排每周一讲，要紧紧围绕黔西南的特色产业链，从产业技术、市场监管运营和政策规制等，强调针对性、前瞻性和实用性的内容，进行多元化、系列化和多层次的“精准”培训，实现党派中央智慧优势与黔西南的特色发展的精准对接。2016 年 7 月 16 日至 17 日，民进中央、民进浙江省委会扶贫考察组一行 14 人在民进中央社会服务部副部长的带领下，赴贵州省黔西南州安龙县进行扶贫考察，实地对接产业项目，助力安龙县精准脱贫。考察组在黔西南州委统战部长、民进黔西南州委副主委及安龙县副县长等相关领导的陪同下，参观了打凼村，安龙笃山攀岩公园项目，安龙教育园区内的栖凤、兴隆幼儿园，安龙五中，大秦光伏农业科技示范园等，实地考察了养生旅游项目、低碳智慧城市综合运营项目、养生食品产业链构建项目及学前教育情况，并就六个扶贫产业项目进行了沟

通和对接。会上介绍了浙江扶贫组低碳智慧城市产业项目、健康农业产业化项目、养生旅游等六个扶贫项目的形成及对安龙县社会发展产生的积极意义，民进浙江省委会的帮扶从“输血”到“造血”，再到“参加当地建设”，精准打造扶贫升级版；介绍了低碳智慧城市环保产业项目和健康农业项目，希望对接政府部门、达成战略合作，预计引入资金数亿元。一是搭建电动车的充电、租赁运营平台，打造低碳、环保、节能的智慧型城市。二是形成养生农产品种植、销售、深加工一体化运营，带动当地农民勤劳致富；提出了安龙养生旅游规划发展思路，通过重点打造养生农业产业链，实现旅游全产业链发展和全域化旅游的有机统一，从而铸造安龙“水美乡村、养生胜地”旅游品牌，畅谈了对安龙传统古村落保护与发展的思考，地方政府在旅游开发时应尊重原住民的需求，将自然资源和民族文化特色紧密结合，注重文化基因、地方建筑文化的传承。与会人员就如何推进产业项目落地进行了充分的讨论，提出了许多宝贵意见和建议。

（四）区域发展精准设计，易地搬迁功能聚合谋求转型发展

精准设计：全产业链和特色小镇的协同创新与共享发展。依托中国城市转型优化联盟等重要战略平台，引进大资金，布局全产业链。从田头到舌头的养生农业食品产业链，节能灯充电桩公共投资与长期收益以及风情旅游特色小镇策划规划设计与管理运营等。以安龙旅游业为例，可考虑组建旅游开发公司，强化市场运营。将天生桥—坝盘—天门洞天坑—笃山全息攀岩公园—招堤公园等重要旅游资源整合起来，形成一个精品旅游环线。同时，积极推进养生旅游标准制定，探索系列化养生药膳美食和生态养生产品开发，着力打造“智慧安龙，天天养生”品牌。一是以天生桥国家水利风景区和国家养生农业公园为切入点和突破口，构建养生旅游产业体系建设及品牌化战略目标导向。二是以天门天坑风情旅游小镇、笃山国际攀岩公园、坝盘布依养生旅游小镇为重要节点，提供风情旅游特色小镇战略策划与规划设计的系统支撑。三是以制作

《养生之旅，水美坝盘》微电影专题片为宣传手段，组织动员民进会员企业及中国城市转型发展联盟，共同整合投资机构与中青旅等专业公司协同运营，实现策划规划设计与投资开发运营的精准对接。四是以幼儿教育及非义务教育为突破口，以捐资扶贫项目和师资管理培训为支撑，致力全面提升安龙教育水平。响应民进中央"同心·彩虹行动"的号召，推进东西部学前教育均衡化发展，提升黔西南州学前教育整体水平。2014 年 8 月 1 日至 3 日，浙江民进省委会副主委、浙江教育出版社总编率团赴贵州安龙县开展"百社千校，书香童年——向阳花书屋"援建活动。2015 年 11 月 23 日，第一期"同心·彩虹——贵州安龙县幼教园长培训班"在杭州师大小博士艺术幼儿园举行开班仪式。16 名来自安龙的幼儿园园长将在杭接受为期 8 天的免费培训。2016 年 8 月 19 日至 20 日，民进浙江省委会"同心·彩虹行动"黔西南州幼教培训班在贵州省兴义市百春幼儿园举行，来自全州 11 个县市的 150 余名公办及私立幼儿园园长及骨干教师参加了培训。未来，民进浙江省委会"同心·彩虹行动"学前教育帮扶将继续有系统地开展下去，持续带来东部优质的学前教育资源，架起两地学前教育交流的桥梁，为西部地区学前教育事业的健康化发展继续奉献力量。

（五）协同创新精准支撑

一个地区的社会经济发展，离不开科技支撑。贫困地区，普遍缺乏人才科技，必须花大力气"补短板"。因此，必须围绕区域战略主导产业开展针对性的有效招商引资和招商引智。大力开发和推广应用生态旅游全产业链态技术、循环养生农业生态环保技术、智慧信息技术及养生体育技术等。要大力发展特色小镇，强化聚合功能推进特色产业优势集聚。大力发展养生体育和养生农业职业高等教育，搭建人才集聚与培训培养高地。要按照区域主导产业和特色产业发展要求，举办项目对接会，推进"五位一体"（对黔西南有研究成果的外地专家、当地的公务员、企业家、技术能手和学者）。还要发挥民主党派智慧集聚的优势，花大力气组建专家精准扶贫团队，组织开展针对性的多层次技术培训和技术扶持，强化科技支撑，保障精准扶贫见实效。

民进浙江省委会还专门组织和制作《养生之旅　水美坝盘》微电影，帮助黔西南安龙县进行形象宣传和招商融资，并已与中青旅达成50亿元的融资意向；还组织动员捐资扶贫活动，已为安龙捐资达60万元。

三、结论与建议

全产业链协同创新精准扶贫模式，针对贫困地区的重大问题和贫困机理，提出了精准引领、精准设计、精准对接和精准平台等系统化的精准扶贫方略，有效地破解了精准扶贫的系列难题。民进浙江省委会创建的全产业链协同创新精准扶贫模式，在“同心·彩虹行动”黔西南安龙实践中已经得到实践检验，是新形势下的一种行之有效的精准扶贫模式，值得充分重视和深入研究。

关于贯彻落实精准扶贫战略，全面推进全面小康建设，我们提三点建议：

一是贫困地区一定要加强区域发展战略课题的研究工作，并切实做好精准战略引领下的全产业链发展规划设计与产业技术支撑等有效衔接；要坚决避免发展战略摇摆不定或决策失误造成错失发展机遇的重大问题。“战略决定命运”，这是一个地区能否彻底摆脱贫困、走上脱贫致富奔小康道路的关键所在。

二是精准扶贫工作一定要强化实施协同创新。精准引领、精准设计、精准对接、精准平台和精准支撑是一个相互联系、相互促进的有机统一体。要进一步探索研究与完善提升黔西南精准扶贫成功经验，为全面推进全国的精准扶贫工作提供样板和标杆，具有重大意义。

三是民主党派贯彻落实“同心·彩虹行动”组建团队、集智聚力，在精准扶贫伟大事业中大有可为。民进浙江省委的“全产业链协同创新精准扶贫模式”创新实践，为开创民主党派精准扶贫工作的新局面，发挥了重要而积极的作用，值得在全国大力推广。

第二节　论黔西南精准扶贫协同创新的若干重大问题

习近平总书记在视察贵州工作时强调，“扶贫工作推进到今天这样的程度，贵在精准，重在精准，成败之举在于精准”。黔西南是“星火计划、科技扶贫”试验区，要积极贯彻“创新、协调、绿色、开放、共享”五大理念，积极谋求跨越发展。各民主党派中央联合推动组以第四届“中国美丽乡村·万峰林峰会”为载体，精准扶贫活动“智力”帮扶从教育、科技、医疗卫生、产业发展等方面密集展开。在民主党派和地方政府的共同努力下，一批惠民富民的“造血”项目相继落地，精准扶贫成效凸显。值得注意的是，黔西南全面小康建设和精准扶贫过程中，还存在“精准”程度不够高的四个主要问题：一是缺乏精准引领；二是缺乏精准对接；三是缺乏精准设计；四是缺乏精准平台。这些问题已经成为制约特色发展和精准扶贫成效的瓶颈，迫切需要尽快克服和解决。

贯彻精神研究对策要出实招，务实创新精准扶贫要有成效。为此，我们经过深入调研提出以下对策建议。

一、精准引领：强化基于区域优势的国际化战略目标导向

黔西南要进一步明确战略引领，强化目标导向。一是要积极创建养生农业国家公园，尽快构建从田头到舌头的养生产业链。二是要积极创建养生体育国家公园和养生体育示范县。努力创新安龙太极文化，大力推进学校养生体育课程开发，尽快创建安龙太极武术职业学院。积极推

进太极武馆连锁辐射，并切实做好包括公费医疗共享的养生体育政策配套。三是要积极创建全国生态文明示范县。争取中国生态学会的指导和支持。四是要积极创建中国养生旅游示范县，努力创建国际品牌。

二、精准对接：构建智慧集聚与区域需求对接的有效机制

要充分发挥民主党派中央智慧集聚优势，开设“万峰林大讲坛”。建议该讲坛由各民主党派中央推荐业界和学界权威专家，开设针对性讲座和学术报告。可安排每周一讲，要紧紧围绕黔西南的特色产业链，从产业技术、市场监管运营和政策规制等，强调针对性、前瞻性和实用性的内容，进行多元化、系列化和多层次的“精准”培训，实现党派中央智慧优势与黔西南的特色发展的精准对接。

三、精准设计：全产业链的协同创新与共享发展

依托中国城市转型优化联盟等重要战略平台，引进大资金，布局产业链。以安龙旅游业为例，可考虑组建旅游开发公司，强化市场运营。将天生桥—坝盘—天门洞天坑—笃山全息攀岩公园—招堤公园等重要旅游资源整合起来，形成一个精品旅游环线。同时，积极推进养生旅游标准制定，探索系列化养生药膳美食和生态养生产品开发，着力打造“智慧安龙，天天养生”品牌。

四、精准平台：国际化高端平台系统的精准支撑

要牢固树立“只做唯一，只争第一”的发展理念，按照“接地气能落实”的原则，积极打造精准平台。现有的“万峰林峰会”和“山地旅游大会”两个高端平台，需要按照国际化和系统化的要求进行优化。我们可以借鉴东部地区的成功经验，激活市场机制，大力发展会展经济。具体做法如下：

国际山地旅游大会，要按照旅游发展要求，放眼国际举办对接会推

进“五位一体”（对黔西南有研究成果的外地专家、当地的官员、企业家、技术能手和学者）。还要按照山地旅游内涵设置分年度主题，比如，高山养生、水利、农业、养殖业等。积极创造条件举办“国际山地产业旅游博览会”，强化产业关联，带动区域发展，谋求效益最大化。中国美丽乡村·万峰林峰会，要注重立足美丽中国推进产学研协同创新与精准扶贫。要积极创办“美丽乡村成果博览会”。按照美丽乡村的内涵设置分论坛，有效展示各地发展模式和鲜活经验，还要开展中国美丽乡村评比和授奖等，谋求优势集聚和品牌辐射。

国际化高端平台系统的精准支撑，将为黔西南插上自然科学发展、经济共享发展和社会和谐发展与腾飞的翅膀。

第三节　基于全产业链协同创新的民族地区精准扶贫模式

中国民主促进会，深入学习和深刻领会习近平新时代中国特色社会主义思想，投身生态文明两山转化与精准扶贫全面小康的伟大工程中，坚持“三为方针”（为执政党助力、为国家尽责、为人民服务）。集智聚力，认真履职，敢为人先，勇于担当，奋发有为。积极实施彩虹行动，深入践行生态文明两山转化，要在精准扶贫中再立新功。发挥党派联系广泛人才集聚的优势，实施统一战线集聚智慧，齐心协力开展扶贫攻坚。政府主导战略引领，企业主体贯彻低利润战略，实施有效投资驱动扶贫。全产业链整合易地搬迁，实施特色小镇功能聚合，推动转型发展扶贫。全产业链整合延伸，激活机制实现小农户对接大市场，提升效益扶贫。响应民进中央号召，由民进浙江省委会社会服务部组织，笔者以专家组成员身份，近年来一直参与安龙县脱贫攻坚工作。曾经多次深入安龙县南盘江、国际攀岩公园和天门洞天坑地质公园开展调研，并研究编制《养生旅游发展规划》，策划微电影专题片，并为村民开展扶贫专题讲座。2016 年 4 月，深入黔西南州安龙县开展“大健康产业调研”。2018 年中共浙江省委统战部组织赴黔西南开展扶贫，并赴晴隆县开设讲座《健康中国与县域养生旅游发展模式创新》。2019 年在浙江省委党校（余姚分校），为黔西南州各级干部开设讲座《生态文明两山理论与浙江经验》共四场次，受益学员达 300 多人。其间笔者多次以专报和建议等形式，向中共黔西南州委统战部和安龙县提出资政建议，得到有关领导的高度重视。

一、关于习近平“两山”理念与精准扶贫思想的解读

生态文明是新时代的主题。新时代重要理论内容主要包括：“一带一路”、“两山”理念和两个共同体（生命共同体和命运共同体）、三严三实三个凡是、四大意识四个自信四个伟大四大工程及五位一体和五大新理念（创新、协调、开放、绿色、共享）等。2015 年在浙江安吉县考察时，习近平明确提出“两山”理念生态文明思想：对生态环境比较优越但经济十分落后的地区“既要绿水青山，也要金山银山”；对经济比较发达但生态严重破坏的地区“宁要绿水青山，不要金山银山”；进而提出了“绿水青山就是金山银山”的科学论断，这里特别强调“两山转化”，明确要求大力发展生态农业、生态工业和生态旅游业。浙江省已经推出“两山转化综合改革试验区”。我们认为，生态文明的本质要求是强调自然、经济和社会三大规律协同遵循。我们应该严格遵循“环境保护法”，尽快摒弃“谁建设、谁受益，谁破坏、谁治理”错误的宣传口号，牢固树立“保护生态是责任、建设生态是义务、破坏生态就是犯罪”的生态文明社会共识。大力发展生态旅游，促进全社会生态文化建设和全民生态意识培养，全面推进生态文明，值得高度重视。

党的十八大以来，习近平总书记站在全面建成小康社会、实现中

华民族伟大复兴中国梦的战略高度，把脱贫攻坚摆到治国理政的突出位置，提出一系列新思想新观点，做出一系列新决策新部署，推动中国减贫事业取得巨大成就，对世界减贫进程做出重大贡献。“扶贫工作，贵在精准。”“全面小康路上一个也不能少。”每一个困难群众都是习近平心中的牵挂，脱贫攻坚的鼓声时刻响在他的心中。凡重要的会议、时间节点，习近平都不忘对脱贫攻坚做出布局、指导。在解决“两不愁三保障”突出问题座谈会上，他指出脱贫既要看数量，更要看质量。贫困县摘帽不摘责任、不摘政策、不摘帮扶、不摘监管；在第六个国家扶贫日到来之际，他做出重要指示，要求各地区各部门务必咬定目标、一鼓作气，坚决攻克深度贫困堡垒；在中央政治局常委会会议专门研究“三农”工作时他指出，脱贫质量怎么样、小康成色如何，很大程度上要看明年“三农”工作成效。要集中资源、强化保障、精准施策，加快补上“三农”领域短板……时间越是紧迫，任务越是艰巨，习近平就越是注重问题导向。针对个别地方和个别干部搞“虚假式”脱贫、“算账式”脱贫、“指标式”脱贫、“游走式”脱贫，习近平“响鼓重锤”，精准地“锤”在了官僚主义和形式主义的“七寸”上。

全面贯彻生态文明“两山”理念，积极谋求实现高质量绿色发展，努力协同推进遵循自然规律的科学发展、遵循社会规律的和谐发展与遵循经济规律的持续发展，这是实现精准扶贫全面小康的重要保障。精准扶贫应该细化为精准引领、精准对接、精准设计、精准平台和精准支撑等系统工程，其中精准引领是重要前提，精准对接是关键所在，精准设计是核心内容，精准平台是重大项目，精准支撑是重要保障。贯彻习近平精准扶贫思想，必须紧密联系实际，切实破解贫困地区上述这些关键问题。

二、民族地区全产业链协同创新与精准扶贫模式创建

（一）高瞻远瞩精心谋划，深入调研量身定制强化精准引领

强化基于区域优势的战略目标导向。黔西南要进一步明确战略引领，强化目标导向。一是要积极创建养生农业国家公园，尽快构建从田头到舌头的养生产业链。二是要积极创建养生体育国家公园和养生体育示范县。努力创新安龙太极文化，大力推进学校养生体育课程开发，尽快创建安龙太极武术职业学院。积极推进太极武馆连锁辐射。切实做好包括公费医疗共享的养生体育政策配套。三是要争取中国生态学会的指导和支持，积极创建“全国生态文明示范县”。四是要积极创建中国养生旅游示范县，努力创建国际养生旅游品牌和养生体育品牌。

（二）生态文明两山转化，必须进行全产业链协同创新与再造

结合易地搬迁功能聚合谋求转型发展，全产业链和特色小镇的协同创新与共享发展。一是以天生桥国家水利风景区和国家养生农业公园为切入点和突破口，构建养生旅游产业体系建设及品牌化战略目标导向。二是以天门天坑风情旅游小镇、笃山国际攀岩公园、坝盘布依养生旅游小镇为重要节点，提供风情旅游特色小镇战略策划与规划设计的系统支撑。三是以制作微电影专题片为宣传手段，组织动员民进会员企业及中国城市转型发展联盟，共同整合投资机构与中青旅等专业公司协同运营，实现策划规划设计与投资开发运营的精准对接。四是以幼儿教育及非义务教育为突破口，以捐资扶贫项目和师资管理培训为支撑，致力于全面提升安龙教育水平。响应民进中央“同心·彩虹行动”的号召，推进东西部学前教育均衡化发展，提升黔西南州学前教育整体水平。

三、跨区域整合优势资源与精准对接路径创新实践

（一）应用文化总部理论跨区域整合优势资源推进精准扶贫

一般情况下，因为资源资金技术人才和市场等要素欠缺，是造成地区“贫困”的主要原因。我们认为，在这些地区实施“就资源堂开发”“就地取材、内生发展”是不切实际的扶贫策略，这就必须创新思维方式，应用文化总部理论跨区域整合优势资源，成为精准扶贫和乡村振兴的重要战略选择。针对精准扶贫的现实需要，基于优势文化跨区域高度集聚与创新卓越的新理念，我们提出“文化总部理论”。文化总部理论的核心内容是按照特定主题强化功能提升、搭建高端平台、实施跨区域集聚优势文化资源，形成具有文化优势集聚力、传承创新力、产业竞争力和品牌辐射力的代表性区域，坚持“只争第一、只做唯一”强化文旅融合和全产业链再造。2015 年在全国率先编制与实施《景宁全国畲族文化总部发展规划》，举办“全国工艺品创意设计大赛”，打造“工艺景宁”区域品牌；与中国社科院合作，联合举办“全国畲族发展论坛”，有效促进了浙江省景宁畲族自治县文化生态旅游业快速发展，成为贯彻与践行习近平提出的景宁“要在科学发展、民族团结和社会和谐等方面走在全国自治县的前列”要求的重大行动。2019 年全国少数民族自治县现场会在景宁召开。

（二）发展生态旅游与养生旅游推进精准扶贫

生态旅游强调保护生物多样性、优美生态环境、开展生态教育和促进社区共享发展等四个方面的核心内容，因而得到国际社会的普遍认同和高度重视。我国政府曾经将 1999 年和 2009 年两个年度的“旅游年主题”确定为“生态旅游”。生态旅游是“舶来品”，在多年来的“本土化”过程中，中国生态旅游已经由西方“小众化”纯自然生态旅游，不断拓展为“大众化”的自然生态旅游、产业生态旅游和文化生态旅游等兼容并蓄的“大生态旅游”。伴随着我国生态经济发展和生态文明

建设的伟大进程，已经涌现出了一大批具有国际示范意义的中国生态旅游区。2008 年“第五届生态旅游论坛”发布《大力发展产业生态旅游·武义宣言》，进而提出了“养生旅游理论”，拓展十大养生产业；举办“中国国际养生旅游高峰论坛”和“中国国际养生产业博览会”并形成常态化会展项目，使浙江武义成为“国际养生旅游示范区”“中国生态旅游示范县”和“中国生态文明示范县”，成功打造“中国温泉名城、东方养生胜地”品牌。

【策划案链接】

养生之旅　水美坝盘

天生桥下，南盘江边；布依古寨，八音坐唱。

在亚洲第一、世界第二的混凝土面板堆石坝——天生桥一级水电站高坝下游，南盘江河谷北岸，静谧地孕育着一个古老的纯布依族村寨——坝盘古寨。古寨距兴义万峰林、马岭河峡谷 40 公里，与广西隔江相望。4.32 平方公里的土地如同一张山水长卷，盛载典故，烟波浩渺。山林蕴水，碧水映山；四时有景，盛景不尽。

走近坝盘古寨，便看到静伫百年的老榕树已茂华如盖。在村人的心中，古树是神秘莫测的山神，象征着自然的伟力。赋有原生态民族风味的“八音坐唱”在榕树下响起，布依八音说唱队伍由 8 ~ 14 人组成，乐器有牛腿骨、竹筒琴、月琴等八种样式。这个起源于布依族的曲艺形式有千百年历史，曾经迭经的风雨化作天籁，透过葱葱绿叶发散开去，村人用这种方式表达他们的人生追求、延续着他们的古朴文明。

民宿休闲，药膳美食；水上体验，生态养生。

重重叠叠的群山中，挑着乳白色的雾气，极具布依族特色的吊脚楼就隐藏其中。黑泥瓦、木雕花，楼檐上翘如展翼欲飞，如晶莹的星斗洒落在山水间。坝盘古寨吊脚楼采取“借天不借地，天平地不平”的建造手法，依山傍水，随形生变，融建筑与自然为一体。“仁者乐山，智者乐水”，说的便是如此了。

游客在这里慢生活，漫步村中小径，仿佛回到了如诗般的山水田园，水稻梯田与山林做伴。农闲时分，村人做着精致的民族手工艺品，抑或是坐在吊脚楼上用乡音交谈。在坝盘，依然有村民利用古法造纸作为活计，他们一直传承着粗布与黄纸浆的技艺，传承着祖祖辈辈流传的智慧，在不断地创造未来。游客置身其中，体验家的温暖，享受民宿休闲和药膳美食。一直至尊享受的品质生活，令人流连忘返。

每一句布依话，说的都是心事；每一次盛装，背后都是狂欢；每一座小楼，都在讲述历史；每一片风景，都有一个故事。神奇的南盘江，似锦涟漪，碧波荡漾。或泛舟冲浪，或垂钓体验，或赏景翠绿，足以让您心醉。置身古寨，感受水美坝盘，感知坝盘风情，开启养生之旅。

民进情怀，精准扶贫；产业转型，模式创新。

民进中央社会服务处副处长挂职该村第一书记。

民进中央和民进浙江省委多次组织专家深入水寨坝盘集思广益，开展智慧帮扶，多次召开“坝盘精准扶贫学术研讨会”，进一步明确了发展战略思路。该村已经成立了乡村旅游合作社，编制了《安龙坝盘村养生旅游发展规划》。一批惠民工程已经开工实施。天生桥坝盘国家水利风景区项目已经提上议事日程。可以预见，安龙天生桥国家水利风景区—笃山国际攀岩公园—天门洞天坑国家地质公园—养生农业国家公园将连成精品环线，成为云贵高原一个璀璨的明珠。

我们坚信，“养生之旅，水美坝盘”，将成为转型升级、脱贫致富的新典范。

第四节 云和县雾溪畲族自治乡生态产品价值实现机制典型示范创建实施方案

雾溪乡是全国两山转化试验区云和县重要的水源地，又是畲族自治乡镇，这里如何实现生态环境保护与经济社会发展的协调统一，具有典型性、代表性和示范性。雾溪乡党委政府全力践行“绿水青山就是金山银山”的理念，发扬“浙西南革命精神”，以“丽水之干”积极谋划推进系列特色改革事项，构成梯度递延改革体系，努力探索走出一条生态产品价值实现机制（GEP）的新路子。

雾溪畲族自治乡深入贯彻落实《浙江（丽水）生态产品价值实现机制试点方案》文件精神，加快推进生态产品价值实现典型示范乡镇建设，突出典型示范的引领带动作用，研究与探索进一步发挥好水源地生态功能，坚持红色引领、绿色发展与蓝色智慧融合，试图探索生态产品价值实现新机制，打造水源地“两山转化”新模式；建立“生态产品供给者获益与消费者付费”良性生态循环机制，为生态功能区赋能，真正实现“保护生态环境就是保护生产力，改善生态环境就是发展生产力”科学发展、持续发展与和谐发展的长效机制，努力为全国推进“两山转化”提供一个丽水样本“雾溪经验”。

一、创建典型示范区的基础

（一）基本情况

雾溪畲族自治乡是浙江省18个少数民族乡镇之一，位于云和县城西南部，距县城8公里，下辖2个行政村，5个党支部，户籍人口2040人，党员201人。其中雾溪、坪垟岗属少数民族村，畲族人口530人，占总人口的25.98%。全乡区域总面积33.3平方公里，耕地面积995

亩，林地面积48755亩，其中毛竹面积1.4万亩，生态公益林3万亩，森林覆盖率达84.6%，笋竹、药材、水电资源丰富，共有笋竹林面积930公顷，野生药材632种、176科，常用药187种，拥有药材基地2100亩。境内野生动植物保护区5000亩，保护区内有猕猴、黄腹角雉、白鹳、白鹇等国家一、二类保护动物。1959年始建雾溪水库，库容1170万立方米，2002年9月建成云和县自来水厂，是我县县城饮用水源保护地，素有"生态之乡""笋竹之乡""药材之乡""水电之乡"的美誉。

1. 行政区划

雾溪畲族乡地处云和县南部偏西，东邻安溪畲族乡，东南、南濒景宁畲族自治县大均乡，西与崇头镇相接，北连白龙山街道。位于东经119°29′05″~119°34′00″，北纬27°59′16″~28°04′08″。辖区东西最大距离7.87千米，南北最大距离9.0千米，总面积33.3平方千米。

2. 自然条件

地形地貌秀美。乡域地处洞宫山腹地，峰连嶂叠，山谷狭窄，山区乡的地理特征明显。西北的最高山峰灵漈山海拔1249.9米，属洞宫山脉北部山系。地势自西南向东北倾斜，村庄海拔最高（坳头自然村）900米，最低（石板桥自然村）250米。境内溪流密布，曹家堰、西坑、坳头溪、金源头等溪流纳入总长10.7千米的雾溪，注入雾溪水库。河源流域覆盖乡域全境，构成了境内主要水系，属瓯江水系一小河流，是农田灌溉、水力发电的宝贵资源，为村民和县城居民提供优质饮用水。

气候条件优越。属中亚热带季风气候，温暖湿润，雨量充沛，四季分明，无霜期长，光照充足，气候条件优越，适宜农业和林业生产，年平均日照时数1611.7小时，年平均降雨量1740.2毫米，年平均降雨日数177.3天，集中在每年的2~8月，3~5月最多。

3. 生态资源丰富

森林资源丰富。全乡共有林业用地面积3274公顷，占土地总面积的94%；耕地面积66公顷，占总面积的5.5%；林地面积2693公顷，林木蓄积量44745立方米，森林覆盖率达86.5%；有竹笋林面积667公顷，拥有药材基地327公顷，野生药材632种，176科，常用药187种。

珍稀动物资源丰富。有猕猴、黄腹角雉、白鹳、白鹇等国家一、二类保护动物，是国家一级保护动物——黄腹角雉的栖息地。

水资源充沛。是全县唯一的水源地保护区，乡域有支流两条，一支发源于曹家堰，流经西坑；一支发源于金源头，流经砻头，同属瓯江水系，随地势汇合于雾溪水库，流域内有雾溪二级，石门一、二级，岙头等水力发电站7座。雾溪水库，始建于1959年，库容1170万立方米，电站总装机容量4475千瓦。

空气十分清新。雾溪是云和县空气质量最好的区域之一，由于水源地保护区没有工业污染，村庄人口大部分外出转移，为雾溪空气质量创造了良好环境。经检测，雾溪水库库区及周边村落负氧离子含量比城市高10倍以上。

4. 文化旅游融合发展具有雄厚的基础

畲族文化旅游起步早。雾溪畲族乡具有悠久的畲族文化，畲民世世代代固守着自己独特的语言、文化、风俗习惯，有着浓厚的畲族文化底蕴和文化内涵，是全丽水市著名的畲族聚居地之一。坪垟岗畲族“三礼二文化”（行礼、婚礼、葬礼，图腾服饰和歌舞文化），至今依然保存原有民族特色。坪垟岗原存有畲族迁徙历史画卷“祖图”，被丽水学院畲族文化研究所收藏，现有仿画“祖图”和“图腾绘画”及墙画等艺术品，有蓝、雷二姓宗谱及其他畲族文化史资料。原始祭祖舞依然保传着，本乡畲族庆典或举丧时举行。畲族山歌涉及畲民生产生活的每一个领域，内容极为丰富，可分为劳动歌、历史歌、嫁女歌、情歌、故事歌等，坪垟岗畲民现存有大量畲歌手抄本。

这里是乡村旅游的先行者与探路者。雾溪畲族乡旅游资源丰富，早在1998年坪垟岗村就开始创建“江南畲族风情文化村”，开发坪垟岗村旅游景点。这里先后挖掘出了畲族文艺演出、畲族婚俗表演、畲民祭祖、畲族对歌、畲族图腾介绍、畲族文化参观、畲族服饰表演、畲族体育活动、畲族风情摄影等旅游项目。该村2000年被评为浙江省民间文艺家协会创作基地，2A级旅游景区，吸引了无数专家学者前来考察研究和全国各地游客前来观光旅游。中央电视台曾多次到坪垟岗采访和拍摄影片。

特别值得关注的是，坪垟岗畲族村在闽浙畲族历史迁徙过程中具有重要中转站的作用。畲族婚嫁表演，也是由这里首创而被景宁等地应用的。目前，坪垟岗村是全国文明村，浙江省十佳少数民族特色村寨，也是规划在建的佛儿岩4A级景区的重要村寨之一。村内有四星级文化礼堂一座，有畲族民俗馆、乡贤馆、文化广场等独具特色的文化标地。雾溪畲族乡尚未开发的旅游资源很多发展潜力巨大。比如，坪垟岗村后的饭甑山、鹞子额、山羊漈、夫人殿；东南方向山上有叮当岩、天窗岩、天水洞、一线天、百丈岩、佛儿岩等天生自然奇岩怪石等。

5. 经济状况不佳，集体经济薄弱

2018年年末，全乡有户籍人口2041，均为农村人员，其中70%已经转移到县城居住，境内常住人口约600人。全乡有卫生院1所，卫生从业人员5人，其中乡村医生2人，2018年计划生育率100%。2018年全乡公共财政总收入1094万元，农民人均收入18069元。

（二）优势分析

1. 政府高度重视。丽水市委市政府、云和县委县政府历来重视生态保护和生态产品价值实现，始终清醒认识到生态优势和文化优势是云和雾溪最大的优势，从而坚定探索“两山转化”实践，进一步彰显云和真山水优势，切实贯彻健康中国和美丽中国战略，加快健康美丽经济发展，变生态资本为经济资本，化生态优势为经济优势，走生产发展、生活富裕、生态良好绿色发展的乡村振兴道路。云和县生态文明建设硕果累累，成功创建国家级生态县，入选全国生态文明建设试点、省级森林城市、省级园林城市，实现省级生态乡镇全覆盖。

2. 水源地保护与发展需要并举。作为重要水源地保护区，雾溪畲族乡坚持红色引领、绿色发展和蓝色智慧，坚定不移走环境保护优先发展道路，积极推进生态文明建设，依托水源地保护区建设，创新生态经济与体验经济新模式。2019 年启动水源地保护“森林银行”蓄绿公益行动，号召全社会积极参与到水源地生态环境保护中，截至 2018 年 7 月，已经募集“存款”2 万余元，种植涵养林木 1 万余株，为全力建成生态产品价值实现机制典型示范乡镇做出巨大努力和探索。

3. 具备优质生态资源和系统服务功能。雾溪畲族乡自然生态资源得天独厚，地理位置佳，气候条件佳，是云和最主要的饮用水资源保护区，有不可多得的森林、空气和水资源，为全县提供优质饮用水，承担重要的调解服务功能；有极其丰富的珍稀动植物资源，是浙西南重要的畲药、中药材宝库。

4. 具备独特生态旅游发展巨大潜力。雾溪畲族乡是浙西南最重要的畲族人民迁徙地和发源地之一，有着浓厚的畲族文化底蕴和文化内涵，是全丽水市著名的畲族聚居地之一；雾溪乡坪垟岗村是云和乃至丽水最早发展乡村游、民俗游的地区，挖掘恢复畲族三月三文化节庆活动，具备良好的生态旅游基础和独特的畲族民俗文化。

（三）创建典型示范区的意义

通过生态产品价值实现机制典型示范乡创建，有效推进生态文明，有效探索与形成一整套生态价值转化的评价、发展和考核体系，将生态优势转化为经济优势，增进人民福祉，打造水源地与欠发达山区绿色发展和“两山转化”的新样本，为重点生态功能区村镇实现“天蓝、山青、水秀、民富”提供可复制的“雾溪经验”，进而带动类似地区加快“两山转化”，实现绿色崛起。

二、建设目标与思路

（一）指导思想

高举习近平新时代中国特色社会主义思想伟大旗帜，全面贯彻落实党的十九大和省第十四次党代会精神，用“丽水之干”坚定不移沿着“八八战略”指引的路子走下去，遵循“尤为如此”重要嘱托，全面弘扬“浙西南革命精神”，深入践行“两山转化”，着眼高质量发展。围绕红色引领、绿色发展与蓝色智慧为主线，以雾溪畲族乡水源地环境保护为根本，创新生态旅游新模式，创建并完善雾溪生态产品价值实现机制，推进实现乡村振兴和区域高质量发展。

（二）战略定位

以“红色引领，智慧支撑；创新机制，生态优先；政府推动，多方参与”的基本原则，探索政府主导、专家智慧支撑、企业和社会各界参与，共同创建可持续的生态产品价值实现路径。围绕水源地有效保护和生态旅游创新发展，大幅度提升GEP，强化生态保护与经济发展协同，有效推进生态农业、生态旅游业和创意体验共享平台的大发展。探索生态产品价值转化的新途径，构建与完善生态产品价值实现体系，完善水源地保护区建设与发展的长效机制，实现生态环境保护与人民生活福祉同步提升，形成具有重要推广价值的水源保护地“两山转化”丽水样本的“雾溪经验”。

（三）主要目标

总目标：以打造“全国首个”生态产品价值实现机制典型示范乡为目标，努力实施“生态提优，发展提速，民生提质”三大工程，全面推进水源地保护区建设，坚定不移地推进“两山转化”、人口转移、项目转换、产业转型，加快“三区”（全县饮用水源保护区、全县畲族文化展示区、全县中药材产业示范区）和“一个中心”（雾溪生态旅游综合服务中心）建设，形成人口、资源、环境协调和可持续发展的空间格局、产业结构、生产方式和生活方式，打造水源地有效保护、特色发展和民族乡村振兴的样板。

子目标：

1. 着力强化水源地生态的有效保护

（1）实施水源地生态调节能力提升“四项指标”。一是加强生态保护红线管控，确保生态保护红线面积不减少、功能不降低。二是加大“森林银行”公益行动的推广实施，不断推进水源地涵养林、珍稀树种的培育。推进雾溪水库周边涵养林建设100亩，实现森林覆盖率保持在86.5%以上，建成区绿化覆盖率达到35%以上。三是加强空气污染防治，进一步提升空气质量，全乡全年空气质量“优”的天数达到90%以上。四是有效提升水资源环境，农村垃圾分类收集率达到98%以上，创建省级垃圾分类示范村1个；垃圾无害化处理率达到100%；库区水源保护范围内污水管网覆盖率达到100%，污水处理达标排放率达到100%。辖区100%地表水达到或优于二类以上。

（2）实施生态产业发展“两个提升”。把环境保护和产业发展进行有机融合，持续推进生态保护修复。一是提升发展有机农业。大力培育生态有机农业产业，发展生态有机茶、中药材种植、高山农产品种植面积500亩以上，保持笋竹林面积1.4万亩以上，打造生态有机农产品品牌两个以上，通过有机认证，提高农业产品附加值，打通农业产业的两山理论转化通道。二是提升生态文化服务能力。以佛儿岩4A级景区创建为契机，扎实推进坪垟岗3A级景区村创建，充分发挥坪垟岗村畲族文化特色和红色文化基因，打造坪垟岗村3A级景区村；通过建设和提升雾溪村文化礼堂、畲药博物馆、坪垟岗村畲族文化综合基地等，不断提升生态文化服务能力，积极实施生态文化旅游产业，文化旅游相关产业总收入在2018年基础上增长20%，打通农旅融合的两山理论转化通道。

（3）实施水源地人口转移。切实解决好水源地保护和人口转移增收的问题，围绕人口下山转移和农村生态文明建设，不断提高人民生活福祉。全力实现水源保护区人口下山转移率70%以上，同时多渠道加强下山人口的致富增收渠道，农民年人均纯收入增长10%，实现群众下山增收，为水源地生态保护腾出空间。

2. 实施生态产品价值核算、评估和应用

（1）完善雾溪乡生态产品目录清单。开展生态产品目录清单的完善，对雾溪乡干净水源、农林资源、清新空气、珍稀动植物、畲族传统文化、红色革命文化等生态环境资源和文化旅游资源进一步细化、量化，形成生态产品目录清单。

（2）科学核算雾溪乡生态产品价值。重点围绕水资源和生态农林、清新空气和文化服务等方面，开展生态产品价值核算评估试点，针对雾溪生态产品类型进行生态产品价值核算，科学评估各类生态产品的潜在价值量，完善指标体系、技术规范和核算流程。

（3）健全绿色发展财政奖补机制。围绕雾溪水库向云和县城提供的饮用水数量、质量，开展政府采购生态产品试点，建立根据生态产品质量和价值确定财政转移支付额度、横向生态补偿额度机制。

3. 探索生态产品价值实现模式创新

（1）健全自然资源资产产权制度。重点界定水流、森林、湿地等自然资源资产的产权主体及权利，建立自然资源资产全面调查、动态监测、统一评价制度，开展生态保护修复的产权激励机制试点。探索推进集体林地地役权改革，健全集体林地“三权分置”、经营权流转、集体林租赁等机制。探索公益林分类补偿和分级管理机制，提高生态公益林补偿标准，推行健全公益林收益权质押贷款模式。

（2）建立生态信用制度体系。实施饮用水水源保护诚信评价办法。对雾溪水库饮用水保护区内的企事业单位和个人纳入饮用水水源保护诚信评价范围，参照《丽水市饮用水水源保护诚信评价办法（试行）》，通过积分制，设置正面事件和负面事件的影响，采用“正面加分、负面减分”，对污染饮用水水源和破坏饮用水水源保护设施的行为，评价其饮用水水源保护信用等级，将破坏生态环境、超过资源环境承载能力开发等行为纳入失信范围。完善信用等级应用。探索建立生态信用行为与金融信贷、行政审批、医疗保险、社会救助等挂钩的联动奖惩机制。比如，与金融单位联动实施“两山贷”，对雾溪乡下山转移的农户和从事有机农业种植农户提供低息或免息（补贴）信用贷款等。积极培育辖区内优质企业（合作社），探索农产品收益保险和绿色企业贷款保证保险。

（3）构建跨区域战略合作体系。构建生态保护和共享发展的跨区域战略合作体系，最大限度地激活利用生态文化优势资源，特别是构建共享机制，做到协调各相关方的利益，以期实现保护区与受益区之间的协调发展。拓展产业发展方式，支持雾溪乡探索与创新发展“飞地”生态共享经济。

三、主要任务

（一）在红色引领与绿色发展的同时，强化蓝色智慧支撑

借助民进省委会与中国（丽水）两山学院等机构，组建专家智库，深入研究《打造云和雾溪新模式，开创两山转化新路径》；尽快编制《雾溪乡生态产品价值实现机制典型示范区创建方案》《雾溪乡两山转化与高质量发展规划》和《重大项目策划及招标方案》。

（二）实施系列品牌创建工程

加快创建民进—中共基层组织“同心服务示范基地”、水源保护地“两山转化”试验基地、全国研学旅游示范基地、“两山探路驿站”体验旅游打卡地、金婚大典“越唱越有戏”示范基地、畲乡药膳美食养生体验研学基地以及把“尤为如此”带回家的旅游纪念品研发基地。

（三）着力延伸体验经济产业链

努力做足“畲家第一站”，突出展现坪垟岗在浙江畲族的诸多“第一”的历史地位，不断丰富提升“畲乡文化站”。尽快植入“越唱越有

戏”品牌，丰富坪垟岗节庆会展赛事活动。做亮“人生驿站”坪垟岗，开办“成人礼”、金婚大典和畲族表演等重大旅游体验活动。结合打造共享田园，深化畲族文化展示。利用坪垟岗的畲乡秘境和古树群红色文化，设计3~4个旅游打卡点。积极创作微电影抖音，强化微营销，有效拓展市场。

（四）激活闲置资源，创建雾溪电站旅游综合体

配套规划建设旅游服务设施，建立健全旅游服务体系。充分利用现有老房子及石雕、青瓷、多肉植物、书画作品、竹根雕文化艺术产品等众多的闲置资源，实现共享机制创新，做大做强旅游接待业。着力构建运营管理和盈利模式。打造游泳馆、养生馆、创意馆及童谣馆等。开发挺进酒、原浆蜜及美食养生20道招牌菜。实施红绿蓝融合发展，课程教材与研学导师系统化建设，大力开展智能童玩歌瑶旅游纪念品研学活动，大力拓展发明研学旅游。

（五）组建“两山转化”挺进师，激活市场共赢机制

借鉴“浙西川藏线”成功经验，积极引入“蚂蚁探路”，构建共享发展新模式。大力铸造“洞宫瑶池、云和星空、云和山转、浮云探路”系列品牌。结合创意设计艺术田园，画家体验，甜蜜蜜酒窖，云端体验，西坑原野等系列项目，精准打造“两山探路驿站”。

四、实施计划

（一）启动阶段（2019年3—7月）

编制试点方案和申报试点，借助中国民主促进会浙江省委员会专家智慧优势组建专家库，开展生态产品价值实现相关基础性研究，明确创建方案、重大项目和工作部署。申报成功后，健全完善试点组织领导机构和工作机制，深化完善与加快实施工作方案，组织召开雾溪畲族乡生态产品价值实现机制典型乡创建工作启动会，以重大项目为抓手，部署工作目标和工作重点到相关责任单位。

（二）实施阶段（2019 年 8—12 月）

根据建设目标，从生态保护、产业发展、机制创新和农民增收等方面着手，狠抓重大项目的签约与落地，落实生态产品价值实现试点建设的各项主要任务和重点行动，着力解决试点中的突出问题，根据实际情况和工作需要，及时调整部署，不断完善试点建设的工作举措和政策措施，探索建立典型示范创建工作的创效机制，并形成经验。

（三）提升和总结阶段（2020 年 1—4 月）

对照生态产品价值实现机制建设目标，对典型示范工作目标完成情况进行全面总结评估，总结经验和试点工作中的差距和不足，进一步完善促进生态产品价值实现的长效机制。

五、实施保障

（1）加强领导与组织保障。为创建生态产品价值实现机制典型试点，云和县成立由县发改牵头，旅游、财政、建设、国土、雾溪畲族乡政府等相关部门负责人组成的生态产品价值实现机制典型乡创建领导小组，统筹协调创建工作。建立市、县、乡三级联动协调机制，进一步明确雾溪乡生态产品价值实现机制的县级责任单位，并对试点过程中遇到的重大问题给予统筹指导和大力支持。成立相关工作领导小组，建立试点建设考核评估机制，将试点任务纳入综合考核深化改革考核内容。

（2）优化政策与智慧支持。加快交通基础设施建设，争取上级资金政策倾斜。建立试点建设项目库，落地一批战略性、引领性的好项目。争取上级财政部门在安排相关专项资金和乡村振兴基金时给予倾斜。

（3）总结提炼与宣传推广。加大对典型经验做法和创新成果的宣传力度。构建生态文化传播平台，培育普及生态文化，提高生态文明意识。大力倡导循环低碳的绿色发展方式和生活方式，形成政府积极引导、部门协作配合、社会共同参与的试点建设氛围。

后　记

习近平同志说过，“民族问题无小事”“畲族文化旅游大有可为”“小康不小康，关键看你老乡”“全面小康，一个都不能少”。

早在2000年春，应时任景宁旅游局局长麻益兵先生邀请我深入考察景宁炉西坑（又名炉西峡），有缘关注研究畲族地区旅游发展问题。后来，我先后主持并完成《景宁旅游发展总体规划》《全国畲族文化总部规划》《畲乡绿廊国家水利风景区规划》和《景宁旅游“十三五”规划》等。我对景宁全国畲族文化总部理论与实践问题进行了深入研究，先后在第十六届中国科协年会、美丽中国生态文明制度论坛等重要会议和中国旅游报等媒体上公开发表学术论文。特别是《景宁全国畲族文化总部的探索与实践》作为典型案例收录入《2015浙江蓝皮书·文化卷》。

2008年开启的绿色长征活动。我是三位主要发起人之一，曾经四次深入甘南绿色长征发源地考察调研。应邀参与中国科学院钟林生研究员主持的项目“甘南迭部县白龙江腊子口国家水利风景区规划”，由我承担“迭部县旅游发展战略”子课题研究，并策划“旺藏红太阳、温泉香巴拉”项目。此外，多次应邀为浙江大学继教学院贵州、云南等省份的精准扶贫攻坚干部培训班授课，2017年应共青团中央学习部邀请，赴广东为精准扶贫干部培训班授课。

脱贫攻坚，是统一战线的一项重要任务。中央统战部、国家民委和中央智力支边领导小组推动各民主党派中央、全国工商联在黔西南州开展智力支边工作。1990 年，国家科委与民建中央、致公党中央、九三学社中央、全国工商联成立联络组，联合推动黔西南州成立“星火计划、科技扶贫”试验区，统一战线参与黔西南试验区建设启动。从 2014 年开始，我积极参与民进中央、浙江省委统战部和民进浙江省委会组织的黔西南精准扶贫活动，多次深入黔西南考察调研。在民进中央社会服务部刘文胜副部长和民进浙江省委会社会服务处韩依群处长的带领下，为安龙县坝盘布依族村寨提供养生旅游策划，为安龙县提供天门天坑景区招商方案和县域旅游发展战略建议，得到黔西南州统战部部长罗春红的多次表扬和鼓励。2016 年 4 月，笔者应邀陪同全国政协副主席、民进中央副主席罗富和赴黔西南进行大健康产业调研。2017 年在浙江省委统战部副部长张润生带领下走进黔西南贞丰县和晴隆县，问诊把脉提供咨询，并为晴隆县干部群众开设讲座《康养小镇、养生旅游与健康中国》，受到中共黔西南州委和浙江省委统战部的感谢信。“脱贫攻坚忙，夜半到山关。华灯争暖色，素问御冬寒。探秘薏仁都，养生黔西南。古道传新奇，初心伴衷肠。”这首诗，表达了我参与活动时的真情实感。

我有幸主持 2017 年国家民委课题“民族地区全面建成小康社会研究”，对生态文明旅游与民族地区发展问题进行系统化研究和探索。借此机会，对本人十多年来有关民族地区发展问题的研究成果进行总结与提炼，形成这本书稿。

感谢中国科学院资源与地理研究所研究员、“中国生态旅游规划”项目负责人钟林生先生拔冗赐教并作序。课题调研和本书写作过程中，浙江省民宗委潘友明处长和景宁县委县政府、宣传部、政研室、县民宗局、敕木山省级旅游度假区、东坑镇、大漈镇、澄照和大均乡等领导给予关心支持和指导帮助，课题组成员浙江外国语学院李春美研究员、范文艺副教授和丽水职业技术学院吴保刚主任参与调研并提供很多帮助。谨此一并致以衷心的感谢！

限于水平和时间，书中错误和疏漏一定在所难免，恳请各位大家和读者批评指正。

张跃西

2020 年 9 月 23 日于杭州